Entstehung *des* Lebens

PETER ACKROYD

DORLING KINDERSLEY
London, New York, Melbourne, München und Delhi

Lektorat David John
Bildredaktion Joanne Connor
Bildbetreuung Philip Letsu
Cheflektorat Andrew Macintyre
Chefbildlektorat Jane Thomas
Programmleitung Linda Martin
Art Director Simon Webb
Herstellung Erica Rosen
DTP-Design Siu Yin Ho
Bildrecherche Jo de Gray
Bild-Archiv Sarah Mills, Carl Strange
Covergestaltung Neal Cobourne

Beratung
David Lambert, MA

Titel der englischen Originalausgabe:
Voyages through Time: The Beginning

Übersetzung Ralf Kosma
Redaktion Marieanne Schönbach

ISBN 3-8310-0559-1

Colour reproduction in Italy by G.R.B. Editrice, Verona
Printed and bound in Italy by L.E.G.O.

Besuchen Sie uns im Internet
www.dk.com

Inhalt

Die Erde wurde aus Feuer gemacht. Die Erde war Feuer. Dieses Feuer brennt noch immer im Zentrum unserer Welt, erinnert uns an die Anfänge …

In einem unvorstellbaren Raum, der kein Raum war, und zu einer Zeit, die keine Zeit war, gab es aus dem Nichts heraus eine große Explosion, den Urknall. Vor etwa 14 Milliarden Jahren wurde unser Universum an einem winzigen Fleck geboren, kleiner als ein Stecknadelkopf und unvorstellbar heiß und dicht. Er explodierte mit solcher Kraft, dass sich aus Energie spontan Materie bildete. Sie wurde das Baumaterial von Planeten und Monden, Sternen und Galaxien – von allem, was wir am Nachthimmel von unserem winzigen Planeten aus sehen.

Das junge Universum dehnte sich mit unvorstellbarer Geschwindigkeit aus. Drei Minuten lang produzierte seine ungebändigte Energie eine sengend heiße Suppe aus subatomaren Teilchen. Als diese Minuten vorbei waren, war auch die unendliche Hitze vorüber, doch es vergingen 300 000 Jahre, bevor die Temperatur weit genug abfiel, dass sich stabile Wasserstoff- und Heliumatome bilden konnten. Während der folgenden 300 Millionen Jahre verdichteten sich der Wasserstoff und das Helium zu Wolken, zwischen denen riesige Leerräume bestanden. Für unser Universum begann jetzt ein dunkles Zeitalter, das eine Milliarde Jahre andauerte. Die Gaswolken wirbelten in einem großen kosmischen Tanz durch die dunklen Äonen der Zeit, bis sie sich durch die Schwerkraft ganz langsam zusammenzuziehen begannen und sich entzündeten, um Galaxien aus hellen Sternen und glühenden Nebeln zu formen. Die Dunkelheit gebar das Licht.

Wenn Sterne das Ende ihres Lebens erreichen, explodieren einige als Supernovae. Dabei werden Kohlenstoff, Stickstoff, Eisen, Sauerstoff und alle anderen bekannten Elemente gebildet und ins Weltall hinausgeschleudert. Auch wir bestehen aus Materialien, die aus solchen Supernovae stammen. In uns tragen wir die Spuren uralter Sterne.

So rotierten die zahllosen Galaxien durch Zeit und Raum und eine von ihnen ist unsere eigene Galaxie, die Milchstraße. Sie hat vier Spiralarme und insgesamt über 200 Milliarden Sterne. Vor etwa fünf Milliarden Jahren kollabierte eine riesige Wolke aus Gas und Staub unter dem Druck der Schwerkraft im Orion-Arm der Milchstraße. In dessen Zentrum wurde es so heiß und dicht, dass eine nukleare Verschmelzung stattfand und ein neuer Stern aus der strahlenden Glut geboren wurde.

Dies war unsere Sonne. Als sie sich verdichtete, rotierte sie so schnell, dass sie eine Scheibe aus Gas und Staubpartikeln aus sich herausschleuderte. Als diese Partikel zusammenstießen und verschmolzen, formten sie dichte kugelförmige Objekte. Einige wurden felsig und heiß, andere groß und gasartig. Sie wurden zu den neun Planeten unseres Sonnensystems, die noch immer in regelmäßigen oder unregelmäßigen Umlaufbahnen um die Sonne kreisen.

Und so wurde unsere Erde geformt. Vor über 4600 Millionen Jahren rauschte diese glühende Kugel als der dritte Planet im Reich der neuen Sonne durch den Raum.

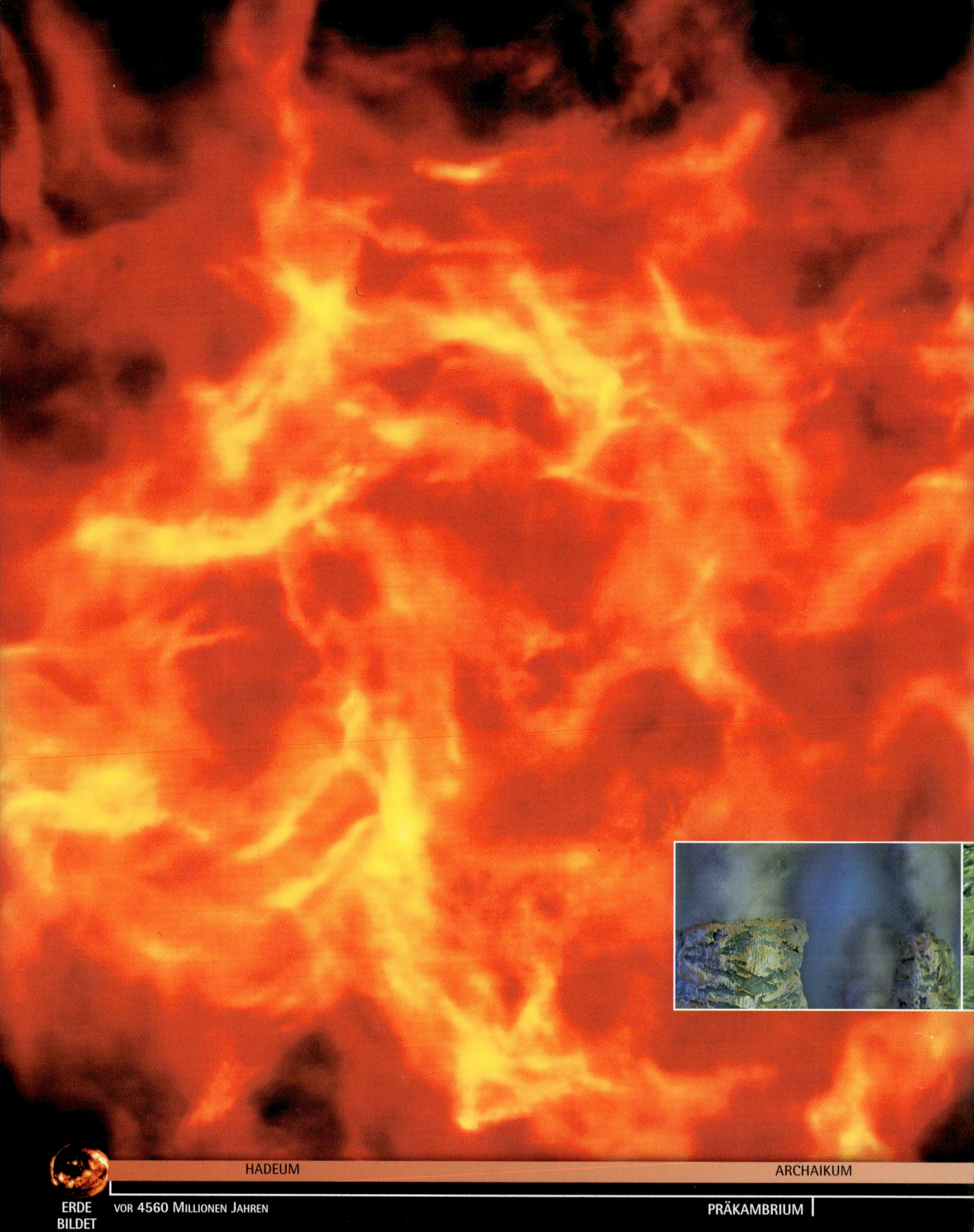

ERDE
BILDET
SICH

VOR 4560 MILLIONEN JAHREN

HADEUM

ARCHAIKUM

PRÄKAMBRIUM

KAPITEL EINS

Neue Himmel
und eine neue Erde

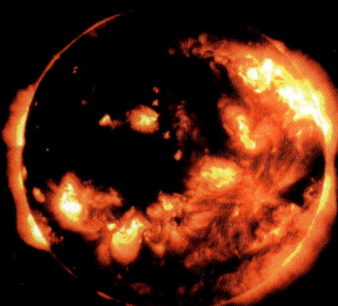

Die Welt wurde im Feuer der galaktischen Schöpfung geboren. Ihr erstes Zeitalter wird nach Hades (Altgriechisch für Hölle) **Hadeum** *genannt.*

U<small>ND DIE</small> E<small>RDE WAR DAMALS WIE EINE</small> H<small>ÖLLE</small> – ein geschmolzener Ball, der Temperaturen von 5000 °C erreichte, gespeist vom inneren Feuer und den Einschlägen von Millionen Meteoriten, die auf die rotierende Oberfläche herabregneten. 100 Millionen Jahre glühte die Erde, bis ganz langsam die schweren Metalle Eisen und Nickel ins Zentrum absanken. Dort formten sie einen glühenden Kern von mehr als 3000 km Durchmesser. Die leichteren Mineralien stiegen an die Oberfläche, wo sie nach 100 Millionen Jahren eine äußere Schicht von fast 3000 km Dicke bildeten. Diese nennen wir den Erdmantel. Wenn wir die Erde in zwei Hälften teilen und in ihr Inneres schauen könnten, würden wir

PROTEROZOIKUM

VOR 545 MILLIONEN JAHREN

KAMBRIUM ORDOVIZIUM SILUR DEVON KARBON PERM TRIAS JURA KREIDE TERTIÄR QUARTÄR HEUTE

einen radioaktiven inneren Kern aus festem Eisen und Nickel sehen, umgeben von einem geschmolzenen äußeren Kern. Darüber liegt der Mantel und darauf die Kruste.

Im frühen Hadeum, als das große Inferno herrschte, gab es Chaos und Zerstörung. Die neue Erde war kaum entstanden, als sie von einem Objekt getroffen wurde, das etwa die Größe des Mars hatte. Der Zusammenstoß katapultierte eine große Menge von geschmolzener Kruste in den Weltraum. Nach einer Milliarde Jahre in der Umlaufbahn der Erde wurde diese herausgeschleuderte Materie unter dem Druck der Schwerkraft zusammengepresst – der Mond war geboren. Die große Katastrophe, die den Mond schuf, erinnert uns daran, dass die Erde nicht unabhängig ist vom Universum, das sie umgibt. Später werden wir anhand weiterer Beispiele sehen, wie außerirdische Einflüsse den Gang der Erdgeschichte gewaltsam änderten.

Als sich die Erdoberfläche abkühlte, bildeten sich feste Gebiete aus Kruste. Die dichteren Gebiete wurden zum Meeresboden, der ozeanischen Kruste. Die leichtere Kruste formte Landgebiete, die kontinentale Kruste. Wann genau sich die Kruste bildete, ist noch immer ein Rätsel, da die Hinweise darauf vor langem

DRAMATISCHE VERGANGENHEIT
Während der ersten Zeitalter der Erde flogen Trümmer, die von der Entstehung des Sonnensystems übrig geblieben waren, in alle Richtungen. Dies verursachte Meteoritenschauer, die die Oberflächen der Planeten und ihre brüchige Kruste durchlöcherten.

Geburt des Mondes

Der Mond ist der einzige natürliche Satellit der Erde. Er ist im Verhältnis zu seinem Planeten sehr groß, da er auf einzigartige Weise entstanden ist. Die meisten anderen Monde entwickelten sich aus Trümmern, die übrig blieben, nachdem sich die Planeten gebildet hatten. Manche waren vorbeiziehende Gesteinsblöcke, die von der Schwerkraft eines Planeten eingefangen wurden. Unser Mond dagegen entstand, als ein riesiges Objekt in die Erde einschlug und dabei Materie ins All schleuderte. Der Mond enthält deshalb Teile der Erde und Teile dieses anderen Objekts.

Die junge Erde wird von einem großen felsigen Objekt aus dem All getroffen.

Der Einschlag verursacht ein Wiederaufschmelzen der Erde. Große Mengen Kruste und Mantel werden in den Weltraum geschleudert.

Die Schwerkraft zieht die kreisende Materie zusammen in die dichtmöglichste Form – eine Kugel. Der neugeborene Mond befand sich damals viel näher an der Erde als heute.

geschmolzen sind oder abgetragen wurden. Trotzdem haben Wissenschaftler einige extrem alte Zirkonkristalle entdeckt, die belegen, dass es seit mindestens 4400 Millionen Jahren feste Gesteine gibt.

Die erste Atmosphäre bestand aus Kohlendioxid, Stickstoff, Wasserstoff und Dampf, der aus Spalten und Rissen des Erdmantels austrat. Diesen Vorgang nennt man »Entgasen«. Wenn Vulkane ausbrechen, kann man diesen Prozess noch immer sehen. Zusammen mit gefrorenem Wasser, das von Kometen gebracht wurde, die auf die Erdoberfläche aufschlugen, trug dieser Dampf zur Entstehung der ersten Ozeane bei.

Kern bleibt durch
den Druck fest.

Geschmolzener
äußerer Kern

Halbgeschmol-
zener Mantel

Gesteine
kreisen
im Mantel

Feste
Kruste

WARMES HERZ
Die Erde ist aus drei Haupt-
schichten aufgebaut – der
dünnen Oberflächenkruste,
dem Mantel und dem hei-
ßen Kern. Die Hitze des
Kerns verursacht eine langsame Bewegung der halb-
geschmolzenen Gesteine
im Mantel. Dieses Fließen,
Konvektion genannt, zer-
stört die Oberflächenkruste
und führt dazu, dass sie
sich in riesigen tektoni-
schen Platten bewegt.

Auch die Oberfläche der Erde hatte begonnen
sich zu bewegen. Und sie bewegt sich noch immer.
In den frühen Tagen der Erdgeschichte verursachten Wärmeströme, die über dem Kern aufstiegen,
gemeinsam mit dem intensiven Meteoritenhagel
ein Zerbrechen der Kruste in die tektonischen
Platten. Diese schwimmen wie große Eis-
schollen auf dem halb geschmolzenen Mantel der Erde. Heute gibt es etwa acht große
tektonische Platten, die auseinander driften, aufeinander prallen oder sich aneinander entlangschieben, mit einer
Geschwindigkeit von 3 cm pro Jahr.
Stoßen zwei Platten zusammen,
wölbt sich die Kruste auf und bildet
Gebirgsketten. Dieser Vorgang dauert
Jahrmillionen. Es ist kaum vorstellbar,
wie langsam Berge sich bilden, aber dieser
unendlich lange Prozess macht uns bewusst,
wie unermesslich alt die Erde ist. Wir meinen in
einer unveränderlichen Welt zu leben, aber der
Boden unter unseren Füßen ist alles andere als
dauerhaft. Vulkane und Erdbeben zeigen uns, dass
die tektonischen Platten immer in Bewegung sind.

Anfangs machte die vulkanische Aktivität die Bedingungen an der Erdoberfläche unvorstellbar lebensfeindlich.
Doch irgendwie brach in diesem Chaos aus Lava und
Asche, das von Meteoriten und Säureregen gepeitscht
wurde, spontan Leben hervor. Wie dieses Wunder
geschah, ist noch immer nicht klar. Früher dachte
man, dass das Leben durch den Funken eines Blitz-

An der San-Andreas-
Verwerfung in Kali-
fornien, USA, schlei-
fen tektonische Platten
aneinander entlang.

schlags begann. In einem berühmten Experiment der 50er-Jahre des 20. Jahrhunderts schuf eine elektrische Entladung, die durch eine Mischung aus Ammoniak, Methan, Dampf und Wasserstoff (die man damals für ein Äquivalent der frühen Erdatmosphäre hielt) geleitet wurde, bestimmte komplexe Substanzen, unter anderem Aminosäuren. Das sind Moleküle, die sich miteinander verbinden, um Proteine zu bilden, die Bausteine des Lebens.

Heute weiß man, dass die frühe Atmosphäre reich an Kohlendioxid war und solche Experimente keine Aminosäuren aus einer Kohlendioxid-Atmosphäre produzieren. Eine weitere Theorie verfolgt eine andere Richtung. Die junge Erde litt unter heftigem Beschuss von Meteoriten und Asteroiden. Könnte das

Ein Meteorit heizt sich auf, wenn er in die Erdatmosphäre eintritt.

URSPRÜNGE IM ALL?

1996 wurde in einem Meteoriten vom Mars etwas entdeckt, das wie fossilisierte Bakterien aussah. Vielleicht entwickelten sich einst auf dem Mars und anderswo im Sonnensystem Bakterien.

Schwimmende Platten

Die tektonischen Platten der Erde reißen entweder auseinander, prallen aufeinander oder schleifen aneinander entlang. Wo zwei Platten aufreißen, steigt flüssiges Gestein aus dem Mantel auf und füllt den Spalt. Auf dem Ozeanboden entsteht daraus ein Ozeanischer Rücken. Wenn Platten kollidieren, falten sie sich auf und formen Bergketten oder eine taucht unter die andere (Subduktion) und schmilzt. Dies kann Lava an die Erdoberfläche drängen und Vulkane entstehen lassen. Wo Platten aneinander reiben, können Erdbeben auftreten, oft erscheint dabei eine lange Verwerfungslinie an der Erdoberfläche.

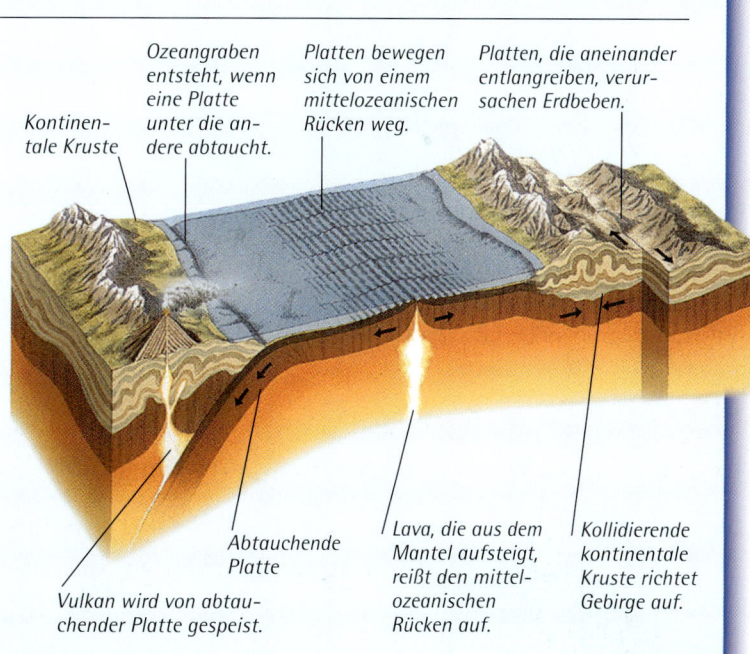

Kontinentale Kruste

Ozeangraben entsteht, wenn eine Platte unter die andere abtaucht.

Platten bewegen sich von einem mittelozeanischen Rücken weg.

Platten, die aneinander entlangreiben, verursachen Erdbeben.

Vulkan wird von abtauchender Platte gespeist.

Abtauchende Platte

Lava, die aus dem Mantel aufsteigt, reißt den mittelozeanischen Rücken auf.

Kollidierende kontinentale Kruste richtet Gebirge auf.

EXTREMES LEBEN
Leben unter extremen Bedingungen ist möglich. Diese »Hitze liebenden« Bakterien leben in Vulkanschloten.

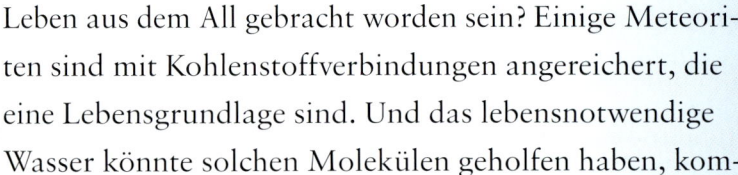

Leben aus dem All gebracht worden sein? Einige Meteoriten sind mit Kohlenstoffverbindungen angereichert, die eine Lebensgrundlage sind. Und das lebensnotwendige Wasser könnte solchen Molekülen geholfen haben, komplexe Veränderungen zu durchlaufen. Dennoch weiß man nicht, wie sich die Moleküle zu den ersten Lebensformen der Erde verbunden haben.

Was waren diese ersten lebenden Organismen? Welche Form von Leben könnte im »höllischen« Klima der jungen Welt überlebt haben? Die aus Kohlendioxid bestehende Atmosphäre wäre für kein uns heute bekanntes pflanzliches oder tierisches Leben erträglich gewesen. Eine Antwort könnte in den tintenschwarzen Tiefen des Meeres gefunden werden. Dort leben einfache einzellige Mikroben, die in extremer Hitze überleben können, nahe den vulkanischen Schloten auf dem Ozeanboden. Diese Mikroben, Thermophilen genannt, brauchen kein Sonnenlicht und nicht einmal Sauerstoff. Genauso blühte primitives Leben in der heißen vulkanischen Suppe, die durch Schlote auf dem vorzeitlichen Ozeanboden ausgestoßen wurde. Die ersten Lebensformen auf der Erde waren nicht mehr als diese einfachen Mikroben, ein matter Schleim, der die Felsen bedeckte, so verletzlich im Aufruhr der Elemente rundherum. Und dennoch der Ursprung allen Lebens.

Dieses frühe Leben entstand im Präkambrium. Es begann vor 4560 Millionen Jahren mit der Entstehung der Erde und endete vor 545 Millionen Jahren. Diese schlichten Zahlen stellen eine Zeitdauer dar, die zu begreifen fast unmöglich ist. Das Präkambrium umfasst sieben Achtel der Erdgeschichte, wovon uns der größte Teil unbekannt bleiben wird. Es stellt nicht nur Geburt und Kindheit der Welt dar, wie viele meinen, sondern vielmehr ihre Geburt, Kindheit, Jugend und das mittlere Alter.

FRÜHE ALGEN
Mikroben halfen, komplexe Zellen wie jene aufzubauen, die diese lebende Kolonie der Alge *Volvox* bilden.

SCHWARZE SCHLOTE
Seltsame Schlote auf dem
Meeresboden der Tiefsee
stoßen Wolken vulkanisch
erhitzten schwefelreichen
Wassers aus. Um sie
herum entstehen schorn-
steinartige Kamine aus
ausgefällten Mineralien.
Diese werden als Schwarze
Raucher bezeichnet. Trotz
der großen Hitze und
unter Umweltbedingun-
gen, die die der frühen
Erde widerspiegeln, blüht
an diesen Orten das
Leben.

SONNENNAHRUNG
Solche Cyanobakterien
waren die ersten Lebens-
formen, die Nahrung aus
Sonnenenergie bildeten.

Tatsächlich leben wir bereits am Beginn des Greisenalters der Erde.

Fossile Überreste der allerersten Lebensformen hat man deshalb nicht gefunden, weil kein Gestein die ständige Selbstzerstörung der sich formenden Welt hätte überstehen können. Aber Wissenschaftler könnten erste Hinweise entdeckt haben, die vermutlich 3800 Millionen Jahre alt sind. Steine aus Grönland enthalten Spuren eines Kohlenstofftyps, der der Fingerabdruck des Lebens sein könnte, weil er normalerweise in lebenden Organismen gefunden wird. Der Kohlenstoff ist mög-

ÜBERLEBENDER GLIBBER
Algen sind über Jahrmillionen unverändert geblieben. Ihr Fortbestehen beruht auf der Fähigkeit, auch großen Stressfaktoren wie Austrocknung oder Wellenschlag trotzen zu können.

licherweise das, was von frühen Mikroben erhalten geblieben ist. Wenn das stimmt, dann bedeutet sein Auftreten in solch uralten Gesteinen, dass das Leben tatsächlich sehr früh begann, und zwar sobald die Bedingungen auf der Erde stabil genug waren, um es bestehen zu lassen. Die frühesten sicheren fossilen Hinweise auf Leben liegen aber wohl in Gesteinen, die sich 3500 Millionen Jahre zurückdatieren lassen. Die schlangenartigen, mikroskopischen Fossilien sehen wie eng aufgezogene Perlenreihen aus. Sie könnten die Überreste von Cyanobakterien sein, primitiven Einzellern, die mit dem Schleim verwandt sind, der noch immer auf langsam fließenden oder stehenden Gewässern zu finden ist. Wenn man seinen Finger in diesen grünen Glibber steckt, könnte man Leben berühren, das seit 3500 Millionen Jahren besteht.

Die Cyanobakterien gediehen wahrscheinlich nahe der Meeresoberflächen und nutzten die Energie des Sonnenlichts, um Nahrung und Proteine herzustellen. Mit der Zeit halfen diese winzigen Organismen beim Aufbau von Kolonien pilzförmiger Matten, so genannter Stromatolithen, die aus dem flachen Meeresboden wuchsen. Stromatolithen leben bis heute in flachen Meeren und erinnern daran, dass die ursprüngliche Welt noch immer existiert. Es ist fast so, als könnten wir die Anfänge des Lebens sehen, berühren und studieren. Die Milliarden einzelliger Organismen, die die vorzeitlichen Stromatolithen formten, nahmen Kohlendioxid auf und reicherten die frühe Atmosphäre mit Sauerstoff an. Über Jahrmillionen nahm der Sauerstoffgehalt in der Atmosphäre zu, bis er ausreichend war, um alle nachfolgenden Lebensformen zu versorgen. Das frühe Leben schuf so ganz allmählich die Bedingungen für weiteres Leben. Dies sollten wir uns immer vor Augen halten, wenn wir uns dem Wirrwarr und der Selbstzerstörung unserer modernen Zeiten ausgesetzt sehen.

Bis vor etwa 2000 Millionen Jahren waren die einzigen Lebensformen auf der Erde einfache Mikroben, ähnlich den primitiven Cyanobakterien. Jede war nur eine einzige Zelle und sie vermehrten sich durch Teilung. Mit der Zeit nahmen einige Mikroben andere auf und wurden zu größeren Zellen, die jeweils einen Zellkern hatten. Nach und nach vereinigten sich diese und »spezialisierten« sich, um Gewebe und Organe in einem vielzelligen Körper zu bil-

ERBAUER DER ATMOSPHÄRE

Die winzigen Organismen, aus denen diese Stromatolithen bestehen, benötigen keinen Sauerstoff. Sie nehmen Kohlendioxid auf und geben Sauerstoff als Abfallprodukt ab.

UNBEKANNTEN URSPRUNGS

Manches frühe Leben ist schwer zuzuordnen. Diese Lebensform, die aus einem silurischen Gestein stammt, ist ein einzelliger Organismus, den man als einen »Acritarchen« bezeichnet, was »von unsicherer Herkunft« bedeutet.

den. Dies erlaubte immer komplexeren Lebensformen sich zu entwickeln. Das Ergebnis war ein dramatischer evolutionärer Sprung gegen Ende des Präkambriums, als die ersten Tiere auftauchten.

Der letzte Abschnitt des Präkambriums wird als Vendium bezeichnet. In den Ediacara-Hügeln des südlichen Australien sind die Felsen durchzogen von den Fossilien einer erstaunlichen Vielfalt vendischen Lebens, das sich aus den ursprünglichen, primitiven Einzellern entwickelt hatte. Etwa 600 Millionen Jahre nach den ersten Anzeichen tierischer Aktivität scheint das Leben explodiert zu sein. Dies ist eines der typischen Muster der Vorgeschichte: ein plötzliches Erblühen des Lebens nach Perioden langsamer Aktivität oder sogar des Aussterbens. Als

WEICHE EINDRÜCKE
Erstaunlicherweise hinterlassen auch weiche und zarte Tiere manchmal Eindrücke im Sediment, das versteinert. Einige der ältesten komplexen Fossilien wie dieses erinnern an Quallen.

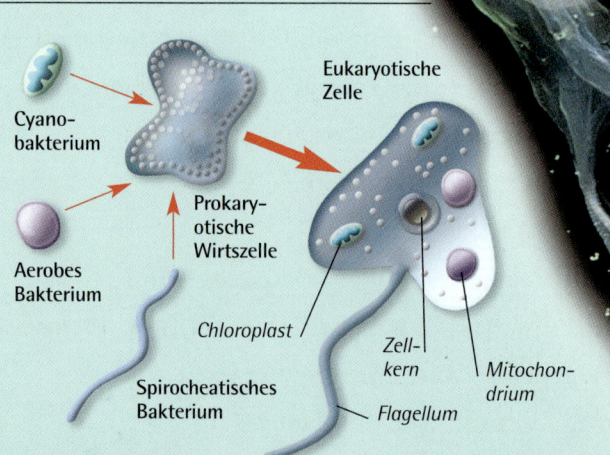

Die Entwicklung komplexen Lebens

Vor etwa 2000 Millionen Jahren entstanden große, komplexe Zellen, die Eukaryoten. Sie hatten sich aus primitiven, einfachen Mikroben, den Prokaryoten, entwickelt. Aber wie? Vermutlich hatte eine Art von Prokaryoten andere Prokaryoten »verschluckt«. Statt diese zu verdauen, beschützte der Wirt-Prokaryot seine Gefangenen. Mit der Zeit veränderten sie sich und wurden wichtige Bestandteile (Organellen) der neuen eukaryotischen Zelle, die Funktionen wie Atmung und Fotosynthese ausführten. Ein Prokaryot könnte auch zu einem „Schwanz" geworden sein, die dem Eukaryoten zur Bewegung diente.

Cyano-bakterium

Aerobes Bakterium

Spirocheatisches Bakterium

Prokaryotische Wirtszelle

Eukaryotische Zelle

Chloroplast

Zell-kern

Flagellum

Mitochondrium

Die prokaryotische Wirtszelle fängt und beschützt die Bakterien. In der neuen Zelle wird das Cyanobakterium zum Chloroplasten, der die Sonnenenergie zur Nahrungsherstellung nutzt.

Das aerobe Bakterium wird ein Mitochondrium, das Sauerstoff als Energiequelle verwertet. Am wichtigsten ist aber, dass die neue Zelle einen Kern mit genetischem Material entwickelt.

würde Evolution in plötzlichen Ausbrüchen vor sich gehen. Was natürlich auch an der Zufälligkeit der Entdeckung liegen kann, wenn eine reiche Gesteinsschicht unerwartet freigelegt wird. In diesem Fall müssen wir annehmen, dass das Leben tatsächlich immer vielfältiger war, als wir glauben. Die Welt könnte also auch in früheren Zeiten voller Leben gewesen sein.

In den Ediacara-Hügeln gibt es fossilisierte Quallen, Würmer und federähnliche Geschöpfe, die Seefedern. Einige dieser Wesen haben vermutlich bewegungslos auf dem Meeresgrund verharrt, während andere umhergetrieben sind. Manche waren Blasen oder Kugeln aus durchsichtiger Materie und es gab Organismen, die scheinbar einen primitiven Kopf ausbildeten. Einige Typen hatten eine bizarre, steppdeckenartige Struktur und scheinen mit keiner heutigen Art verwandt zu sein. Sie sind fehlgeschlagene Experimente des Lebens. Es ist großartig, sich primitives Leben vorzustellen, das wirklich fremdartig war und damals in denselben Meeren lebte wie unsere eigenen fernen Vorfahren. Manche Forscher glauben sogar, dass alle Ediacara-Fossilien nur zufällig wie moderne Geschöpfe aussehen und jeweils eine Einbahnstraße der Entwicklungsgeschichte darstellen.

Dennoch gab es wohl in dieser geheimnisvollen präkambrischen Zeit einige komplexe Lebensformen, die es schafften, das Aussterbeereignis zu überleben und in die nächste Periode, das Kambrium, hinüberzugelangen.

STEINMUSTER

Das Fossil *Mawsonites* ist einer der ältesten vielzelligen Organismen. Es ähnelt einer Qualle und lebte am Ende des Präkambriums vor etwa 550 Millionen Jahren.

SEEFEDER-VERWANDTSCHAFT

Moderne Seefedern wie diese ähneln präkambrischen Formen wie *Charnia*. Forscher streiten noch immer darüber, ob die beiden verwandt sind.

KAPITEL ZWEI

Das Leben
setzt sich durch

*Eine gigantische Überflutung markierte vor 545 Millionen Jahren den Beginn des **Kambriums**. In großen Teilen der Welt verschwand das alte Meeresleben.*

DEN GRUND FÜR DIESES MASSENSTERBEN verstehen wir noch immer nicht ganz. Es ist möglich, dass die verteidigungslosen weichen Lebewesen von neu entstandenen Raubtieren vernichtet wurden. Das Erscheinen von Meeresgeschöpfen mit schützenden Schalen und Panzerplatten belegt, dass die Ozeane für Tiere ohne Verteidigungs-

schutz gefährlicher geworden waren. Zusammen mit der unaufhörlichen Bewegung der tektonischen Platten, die möglicherweise zur Folge hatte, dass Flachwasserhabitate austrockneten und verschwanden, genügte dies vielleicht, viele der bizarren Lebensformen des Präkambriums auszurotten. Wir haben bereits gesehen, wie sich die tektonischen Platten bewegen, mit dem Ergebnis, dass die Geografie der damaligen Welt für uns vollkommen fremd gewesen wäre.

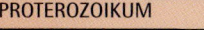

RÄTSEL DER SCHALEN

Aufgrund von Untersuchungen der Schalenformen dieser uralten Kreaturen vermuten Wissenschaftler, dass *Tommotia* ein tintenfischartiges Tier mit Greiftentakeln, *Hyolithellus* ein dünnarmiger Mollusk und *Latouchella* eine schneckenähnliche Lebensform mit Kriechfuß gewesen sein könnten.

Gegen Ende des Kambriums dominierten zwei riesige Landmassen die Erde. Es waren Nordgondwana und Südgondwana. Die nördliche Landmasse umfasste Gebiete wie das heutige Indien, Australien und die Antarktis. Die südliche Landmasse umfasste Afrika, Nord- und Südamerika und einen größeren Teil Asiens. Die Welt stand Kopf. Afrika und Südamerika saßen irgendwo am Südpol fest und waren am Ende des Präkambriums mit Eisdecken bedeckt. Wenn man sich eine Karte der Erde in dieser grauen Vorzeit vornimmt, erscheint sie verwirrend, weil sie gleichzeitig vertraut und fremd ist. Sie ist das Produkt gewaltiger Kräfte, die auch heute noch die Welt formen. Vor etwa 580 Millionen Jahren stießen Nordgondwana und Südgondwana aneinander und bildeten eine noch größere Landmasse. Dies war nun die einzige Landmasse der Erde, genannt Pannotia. Der neue Kontinent war kurzlebig und bestand nur für einige Zehnmillionen Jahre. Zu Beginn des Kambriums zerbrach er in kleinere Kontinente.

Das Kambrium begann vor 545 Millionen Jahren und dauerte etwa 50 Millionen Jahre. In dieser Phase der Erdgeschichte erfreute sich Grönland eines subtropischen Klimas und China lag noch unter dem Ozean.

Hyolithellus

Tommotia

Nordamerika war als Teil eines Kontinents namens Laurentia mit Schottland und Grönland vereint. England und Wales lagen unter dem Meeresspiegel, wo sie mit dem heutigen Neufundland (Kanada) und Neuengland (USA) verbunden waren. Dieses versunkene Kontinentalbruchstück wurde in Anlehnung an die Insel Avalon der keltischen Mythen Avalonia genannt. Es ist erstaunlich, wie Legenden wie auch z. B. die vom verlorenen Kontinent Atlantis scheinbar Ursprünge in vorgeschichtlichen Begebenheiten haben.

Die kambrische Welt war eine Welt der Entstehung. Millionen neuer Arten entwickelten sich in der »Kambrischen Explosion«. Die Fossilien aus dieser Zeit enthüllen das Ausmaß und die Vielfalt des Meereslebens, von dem einiges erkannt und zugeordnet werden kann, vieles jedoch auch geheimnisvoll und unerklärlich bleibt. Neue Lebensformen füllten die Lücken, die durch das vorangegangene Massensterben entstanden waren. Das frühkambrische Lebewesen *Halkeria* hatte einen untertassenförmigen Körper, der mit schuppigen Platten bedeckt war und an jedem Ende eine schalenförmige Kappe aufwies. Es gab Geschöpfe, von denen ausschließlich winzige Abwehrstacheln erhalten sind. Die Meere wimmelten von fantastischen Lebensformen.

HALKIERIAS MANTEL
Ursprünglich glaubte man, dass kambrische Schalenfossilien (wie dieses) winzige napfschneckenartige Geschöpfe beherbergten. Wahrscheinlich aber gehörten die Schalen nicht zu einzelnen Geschöpfen, sondern waren Teil eines schuppigen, gepanzerten Mantels, der die nacktschneckenähnliche *Halkeria* bedeckte.

Latouchella

Im Vergleich zu den vorangegangenen 3000 Millionen Jahren der Erdgeschichte zeichnet sich das Kambrium durch das Auftauchen von Schalen tragenden Lebensformen aus. Sie traten auf der ganzen Welt fast gleichzeitig in Erscheinung. Wesen wie *Hyolithellus* und *Tommotia* lebten in hohlen, hornförmigen Schalen, die spitzen Hüten ähnelten. Da ledig-

lich die Schalen gefunden wurden, müssen wir das Aussehen der möglicherweise Tentakel tragenden oder nacktschneckenartigen Tiere, die darin lebten, erraten. Sie könnten Vorfahren der Cephalopoden gewesen sein, zu denen die heutigen Kraken gehören.

Manche Wissenschaftler meinen, dass mit den Schalen Nährstoffe gespeichert oder filtriert werden sollten. Doch wahrscheinlicher ist, dass Schalen ursprünglich eine Form der Selbstverteidigung gegen Angreifer waren – ein Beweis für eine wichtige Veränderung der Lebensbedingungen auf der Erde. Der Kampf ums Überleben war nun ausgeglichen. Eine traurige Entdeckung, da sie vermuten lässt, dass der Instinkt für Aggression und Kampf wohl eine sehr lange Geschichte hat.

Der Sauerstoff in der Atmosphäre nahm nun zu, aber das Leben war noch immer auf die Ozeane der Welt beschränkt. Auf dem Meeresboden lebten Mollusken, Würmer und verschiedene Krustentiere. Etwa ein Drittel aller entdeckten Fossilien des Kambriums gehörten zu den fremdartigen Trilobiten. Mit ihrer harten schützenden Schale ähnelten sie ein wenig den Asseln. Ihre Schalen hatten drei Loben oder Teile. Trilobiten konnten mit ihren gelenkigen Beinen über den Meeresgrund krabbeln und sich wie Bohrasseln bei Bedrohung zu einem sicheren Ball aufrollen. Als Fossilien haben sie in unglaublicher Anzahl überdauert. Es gibt Überbleibsel

WIMMELNDE TRILOBITEN
Bevor Fische dominant wurden, wimmelten die Meere von Trilobiten, Verwandten der heutigen Asseln, Krebse und Insekten. Manche Trilobiten konnten schwimmen.

Trilobitenaugen

Sie gehörten zu den ersten Augen der Entwicklungsgeschichte. Es gab zwei Augen-Typen, die beide aus winzigen Calzitkristall-Linsen bestanden. Die meisten Trilobiten hatten holochroale Augen, ähnlich den Facettenaugen heutiger Insekten. Bis zu 15000 sechsseitige Linsen waren dicht aneinander gepackt. Jede Linse war in eine etwas andere Richtung ausgerichtet. Holochroale Augen nahmen verschwommene Eindrücke von allem wahr, was sich bewegte. Andere Trilobiten hatten schizochroale Augen mit großen ballförmigen Linsen, die Objekte scharf abbildeten.

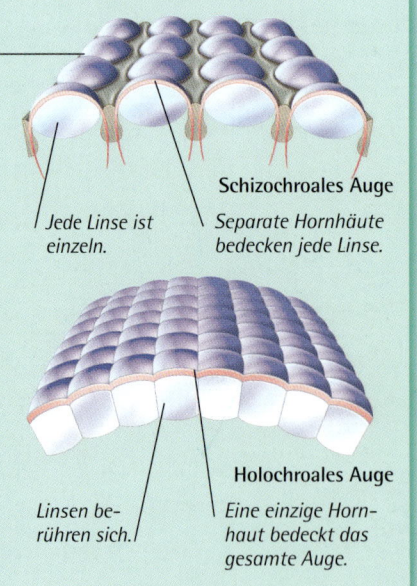

Schizochroales Auge

Jede Linse ist einzeln.

Separate Hornhäute bedecken jede Linse.

Holochroales Auge

Linsen berühren sich.

Eine einzige Hornhaut bedeckt das gesamte Auge.

von über 15 000 Arten dieser Lebewesen in der Größenordnung von mikroskopisch kleinen bis hin zu 30 cm langen Exemplaren. Ein Trilobit wurde in einer französischen Höhle gefunden, der Grotte du Trilobite, wo Steinzeitmenschen ihn als magischen Totem aufbewahrt hatten. Die ungewöhnlichsten Merkmale der Trilobiten waren ihre Augen. Trilobiten gehörten zu den ersten Lebewesen der Erde, die gut sehen konnten. Und ihre Augen waren alles andere als einfache Organe. Einige bestanden aus vielen tausend sechsseitigen Linsen, die dicht unter einer Hornhaut (der durchsichtigen Bedeckung der Linse) zusammengepackt waren. Die Linsen bestanden aus Calzit, einer kristallinen Substanz, die mit dem bekannten lichtbrechenden Isländischen Doppelspat vergleichbar ist. Tausende solcher Linsen schufen dann ein mosaikartiges Porträt der Welt, das erste klare Bild der Welt überhaupt. Selbst in diesem frühen Stadium seiner Existenz war das Leben bereits unglaublich kompliziert.

In den Rocky Mountains von British Columbia (Kanada) wurde ein weiteres erstaunliches Abbild der kambrischen Welt gefunden. In den bekannten Burgess-Schiefern wurde eine spektakuläre Ansammlung vorzeitlicher Meeresgeschöpfe freigelegt. Unter den entdeckten Fossilien befinden sich Trilobiten, Schwämme, Quallen und wurmähnliche Organismen. Einige dieser »Würmer« haben Stacheln, andere Zähne. Ein Tier heißt wegen seiner fantasievollen Gestalt *Hallucigenia*.

KAMBRISCHER KÖNIG
Anomalocaris (»seltsame Krabbe«) war ein eleganter, sich langsam bewegender Räuber. Die garnelenartigen kräftigen Arme des Lebewesens griffen vermutlich Beute und führten sie zum Maul.

TRAUMWANDLER
Einst glaubte man, dass *Hallucigenia* auf stachelartigen Stelzen lief. Spätere Funde stellten diese Deutung im wahrsten Sinne des Wortes auf den Kopf: Die Stacheln waren als Schutz nach oben ausgerichtet.

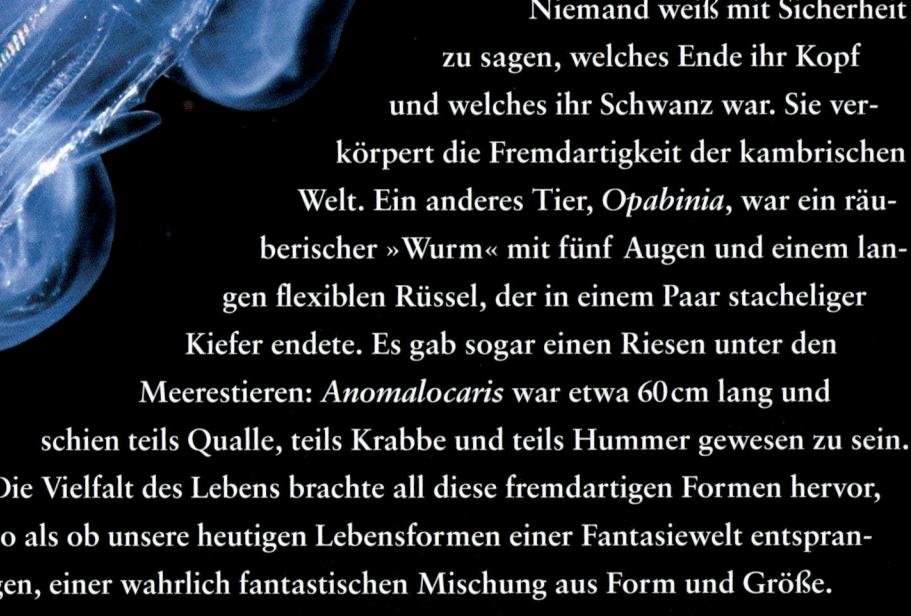

Niemand weiß mit Sicherheit
zu sagen, welches Ende ihr Kopf
und welches ihr Schwanz war. Sie ver-
körpert die Fremdartigkeit der kambrischen
Welt. Ein anderes Tier, *Opabinia*, war ein räuberischer »Wurm« mit fünf Augen und einem langen flexiblen Rüssel, der in einem Paar stacheliger
Kiefer endete. Es gab sogar einen Riesen unter den
Meerestieren: *Anomalocaris* war etwa 60 cm lang und
schien teils Qualle, teils Krabbe und teils Hummer gewesen zu sein.
Die Vielfalt des Lebens brachte all diese fremdartigen Formen hervor,
so als ob unsere heutigen Lebensformen einer Fantasiewelt entsprangen, einer wahrlich fantastischen Mischung aus Form und Größe.

Gewöhnlich stellt man sich das Meeresleben des Kambriums so grau
vor wie die erhaltenen Fossilien, aber zweifellos gab es damals schon
eine Vielzahl von Farben. Auf den Meeresböden der heutigen Welt
gibt es Lebewesen, deren seltsame Lichter schimmern oder mit den
Strömungen des Ozeans umherwirbeln. Die kambrischen Meere glit-
zerten vermutlich von vorzeitlichen Lichtern – wie ein urzeitliches
Rock-Konzert. Natürlich ohne Geräusch, denn abgesehen vom heu-

lenden Wind und dem Wellenbrechen an den Küsten der Welt herrschte allumfassende Stille. Es war eine Welt ohne Rufe, ohne Schreie und ohne Gesang. Über Jahrmillionen gab es nur das Getöse der Elemente und das endlose Schäumen der Wellen.

Ein anderes Fossil aus dem Burgess-Schiefer ist von enormer Wichtigkeit für die Geschichte der Erde. Es stammt von dem Meerestier *Pikaia*, einem wurmartigen Lebewesen von etwa 5 cm Länge. Auf den ersten Blick erscheint es sehr gewöhnlich, bis man erkennt, dass Lebewesen wie dieses die Urform der Wirbeltiere waren. *Pikaia* war ein Chordatier, ein Tier mit einem Notochord (einer Stange, die den Körper streckte), und als solches möglicherweise verwandt mit den Vorfahren aller Wirbeltiere der Erde, den Fischen, Amphibien, Reptilien, Vögeln und den Säugetieren, zu denen auch wir gehören. Lebewesen wie die winzige *Pikaia* waren also so etwas wie Mutter und Vater der Menschheit.

Es ist interessant, wie die frühesten Wirbeltiere einschließlich der kieferlosen Fische Köpfe entwickelt haben. Bei ihrer Futtersuche mussten fischähnliche Chordatiere in der Lage sein, die umgebenden Meeresgebiete wahrzunehmen. Es bildete sich ein Nervenstrang aus mit einer Verdickung des Vorderendes, die nach und nach zu einem Gehirn wurde. Dies zeigt, wie unsere ganze heutige Form in direkter Beziehung zu dem Bedürfnis steht, uns an das, was uns umgibt, anzupassen.

UR-WIRBELTIER
Pikaia schwamm durch die Kontraktion der Muskeln entlang des Notochords mit einer wellenartigen Bewegung. Sie stand am Beginn der Wirbeltierevolution.

KAPITEL DREI

Die Einnahme *des* Landes

*Viele Lebewesen des Kambriums überlebten bis in die nächste Periode, das **Ordovizium**, das von vor 494 bis vor 443 Millionen Jahren dauerte.*

DIESE 50 MILLIONEN JAHRE DAUERNDE Periode wurde von einem weiteren großen Massensterben eingeleitet. Es gab im Kambrium zwei Massensterben, die keine plötzlichen Ereignisse waren, sondern sich über Jahrmillionen erstreckten. Sie wurden von den sich verschiebenden tektonischen Platten der Erde verursacht. Wenn

Kontinente zusammenprallten, wurden viele flache Meereslebensräume förmlich zerquetscht. Wissenschaftler schätzen, dass bei einem Aussterbeereignis mehr als 70 Prozent der marinen Arten vernichtet wurden.

Neues Leben entspringt scheinbar allein aus der Zerstörung des alten. Zu Beginn des Ordoviziums war Australien von Flachmeeren bedeckt, Nordafrika lag am heutigen Südpol. Nordamerika und Nordeuropa bewegten sich gemeinsam.

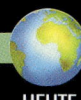

Die westlichen Ränder der Britischen Inseln wurden von einem vulkanischen Inselbogen dominiert. Während der gesamten Periode gab es große Klimawechsel, von denen einige das Ergebnis von Vulkanausbrüchen waren. Das Ordovizium endete in einer langen Eiszeit. Die Erde scheint immer zwischen Feuer und Eis hin und her zu schwanken.

Doch dies war auch die Periode, in der das Leben der frühen Wirbeltiere erfolgreich fortbestand. Kieferlose Fische bildeten knöcherne Körperpanzer aus. Kleine aalähnliche Lebewesen, so genannte Conodonten, hatten große Augen, Zähne, Muskeln wie ein Fisch und sogar Flossen, aber sie waren ebenfalls kieferlos. Es gibt Belege dafür, dass sie in Schwärmen durch die ordovizischen Meere schwammen. Aber letztendlich schwammen sie in die Vergessenheit, denn sie sind heute nur noch Teil der fossilen Überlieferung. In der fortschreitenden Evolution der Fische waren Conodonten ein weiteres fehlgeschlagenes Experiment.

In diesem Zeitalter, das von den Ozeanen beherrscht wurde, gab es eine Vielzahl anderer Meereslebewesen. Die Wirbellosen gediehen, es gab Korallen, Meeresschnecken, Schwämme, Brachiopoden, Trilobiten und viele andere Lebewesen mit Schalen. Es gab Seelilien, Bohrmuscheln, Seesterne und Seeigel. Einige dieser Gruppen waren »Filtrierer«, die vom reichlich vorhandenen Plankton lebten. Das Netz des Lebens war mittlerweile in komplexer Weise organisiert – ein riesiges System von verknoteten Nahrungsketten, die Räuber und Beute vom Plankton an aufwärts verbanden. Viele der Wirbellosen erinnern an Bewohner heutiger Ozeane, was nahe legt, dass sich manche Aspekte des irdischen Lebens nicht sehr verändert haben.

WINZIGE ZÄHNE
Conodonten sind ausgestorbene winzige Meerestiere, die es 300 Millionen Jahre lang gab. Diese fossilisierten Conodonten-Zähne liegen auf einem Stecknadelkopf.

STACHELWESEN
Seeigel tauchten erstmals im Ordovizium auf. Sie entwickelten einen stacheligen Panzer als Verteidigung gegen Angreifer.

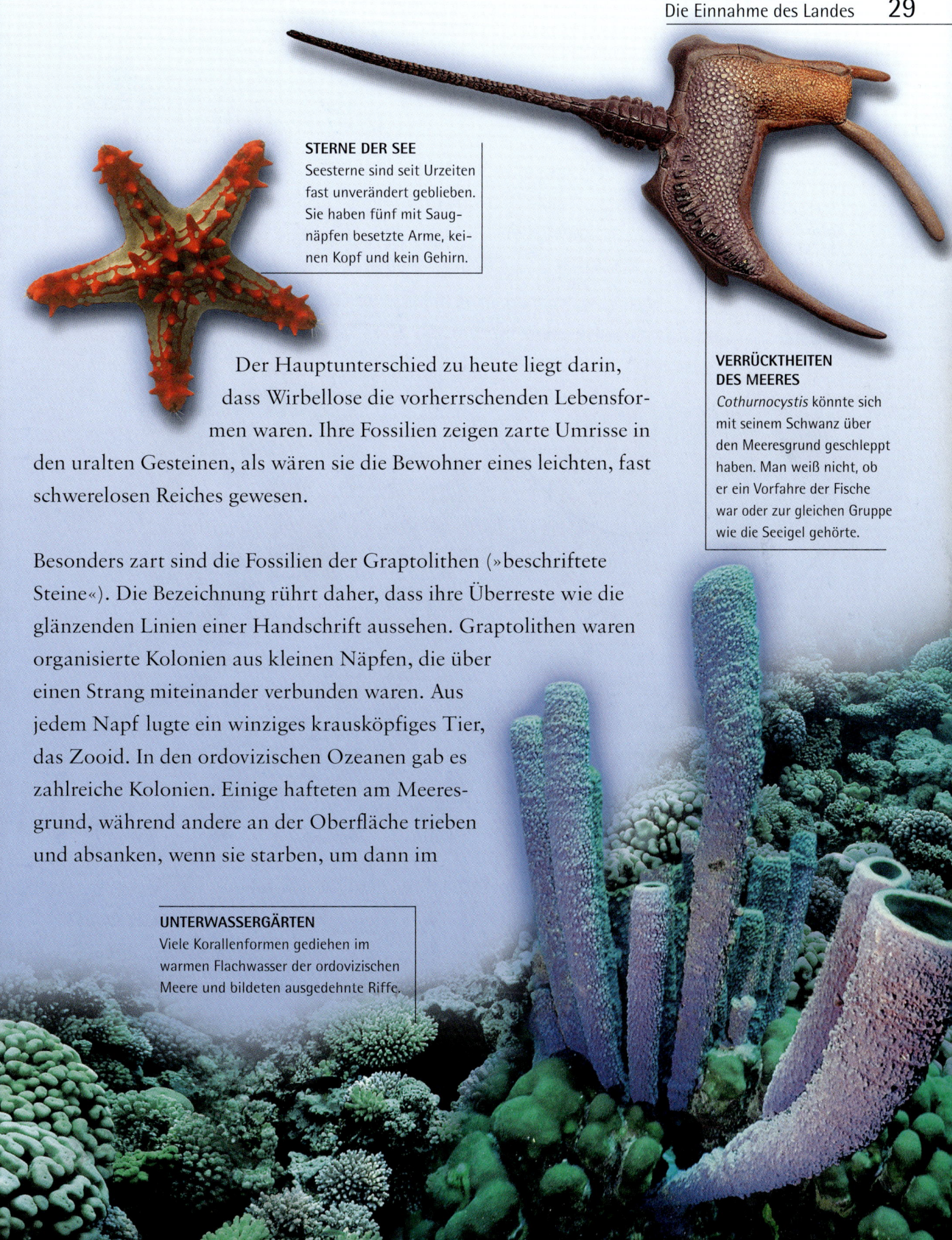

STERNE DER SEE
Seesterne sind seit Urzeiten fast unverändert geblieben. Sie haben fünf mit Saugnäpfen besetzte Arme, keinen Kopf und kein Gehirn.

VERRÜCKTHEITEN DES MEERES
Cothurnocystis könnte sich mit seinem Schwanz über den Meeresgrund geschleppt haben. Man weiß nicht, ob er ein Vorfahre der Fische war oder zur gleichen Gruppe wie die Seeigel gehörte.

Der Hauptunterschied zu heute liegt darin, dass Wirbellose die vorherrschenden Lebensformen waren. Ihre Fossilien zeigen zarte Umrisse in den uralten Gesteinen, als wären sie die Bewohner eines leichten, fast schwerelosen Reiches gewesen.

Besonders zart sind die Fossilien der Graptolithen (»beschriftete Steine«). Die Bezeichnung rührt daher, dass ihre Überreste wie die glänzenden Linien einer Handschrift aussehen. Graptolithen waren organisierte Kolonien aus kleinen Näpfen, die über einen Strang miteinander verbunden waren. Aus jedem Napf lugte ein winziges krausköpfiges Tier, das Zooid. In den ordovizischen Ozeanen gab es zahlreiche Kolonien. Einige hafteten am Meeresgrund, während andere an der Oberfläche trieben und absanken, wenn sie starben, um dann im

UNTERWASSERGÄRTEN
Viele Korallenformen gediehen im warmen Flachwasser der ordovizischen Meere und bildeten ausgedehnte Riffe.

Sediment zu versteinern. Jahrmillionen vergingen, während diese zerbrechlichen Lebewesen zu Stein wurden.

Es gab auch größere und grimmigere Lebewesen. Cephalopoden (»Kopffüßer«), die Nautiloiden ähnelten, aber ein gerades Gehäuse hatten, wurden bis zu 4 m lang. Nichts auf der Erde war jemals so groß gewesen.

Doch trotz aller dramatischen Entwicklungen, die in den Ozeanen stattfanden, gab es im Ordovizium einen Übergang von weit größerer Wichtigkeit: Das Leben begann sich auf dem Festland anzusiedeln. Den Anfang machten die Vorfahren der Pflanzen, die Grünalgen, die vom Meer in Süßwassergebiete zogen. Dann begannen die Lebermoose, langsam wachsende Pflanzen mit dunkelgrünen schleifenähnlichen Blättern, über den Boden zu kriechen. Zum ersten Mal in der Erdgeschichte überlebte Leben an Land. Es gab nun bereits genug Sauerstoff zum Atmen und eine ausreichende Schicht abschirmenden Ozongases in der oberen Atmosphäre, um diese primitiven Pflanzen zu schützen, die an Ufersäumen und in feuchten Höhlen wuchsen.

JET-ANTRIEB

Riesige Nautiloiden schossen hinter ihrer Beute her, indem sie Energie durch das Herauspressen eines Wasserstroms aus ihrer Körperhöhle erzeugten. Durch das Gas in ihren Gehäusen konnten sie sogar aufsteigen oder abtauchen wie Unterseeboote.

KNOSPENDES LEBEN

Lebermoose gehören zu den ältesten Pflanzen. Einige Formen vermehren sich über diese winzigen Knospen (*Gemmae*) auf ihren Blättern. Die Knospen entwickeln sich zu neuen Pflanzen.

Den Pflanzen folgten winzige Fußspuren. Kanadische Geologen entdeckten die ältesten Fußabdrücke der Erdgeschichte. Sie stammen von
den gelenkigen Beinen eines kleinen Arthropoden, der zu derselben
großen Gruppe gehörte wie heutige Insekten, Spinnen, Skorpione und
Krustentiere. Dieses besondere Wesen ähnelte einer Assel. Es krab-
belte aus dem Süßwasser heraus und machte die ersten überhaupt
bekannten Schritte eines Lebewesens auf trockenem Land. Seine Spur
ist nur einen Zentimeter breit, aber sie kündet von der großen Wanderung der Lebewesen vom Meer aufs Land. Diese winzigen Kratzer
sind die ersten schemenhaften Anzeichen einer ungeheuren Veränderung. Die ersten Lebewesen waren der Luft ausgesetzt. Die
ersten Pflanzen breiteten sich unter der Sonne aus
und die ersten Tiere begannen mit ihrem langsamen
Zug über die Erde. Das Leben scheint sich instinktiv
auszubreiten und neue Territorien zu besiedeln.

ERSTE SCHRITTE
Kleine, diesen Asseln
ähnliche Krustentiere
waren die ersten, die sich
vom Wasser aufs Land
bewegten.

Einige Lebensformen des Ordoviziums existieren noch heute. Die kleinen muschelähnlichen Brachiopoden wie z. B. *Lingula* sind in etwa
gleich geblieben. Doch viele andere haben nicht überlebt. Diese lange
Periode der Erdgeschichte wurde von einer großen Eiszeit beendet.
Afrika wurde von Eis bedeckt. Die Kälte war so groß und die Verglet-

scherung so weit reichend, dass die Hälfte der bis dahin existierenden Arten verschwand. Es war eine Ausrottung im großen Stil. Dennoch gingen daraus neue Lebensformen hervor. Vor etwa 443 Millionen Jahren begann die Periode des Silur.

Die Ozeane wurden nun wärmer und der Meeresspiegel stieg, als die großen Eisdecken schmolzen. Ein einziges Meer, der gewaltige Panthalassische Ozean, bedeckte fast die Hälfte der Erdkugel. Jene Arten, die die lange Eiszeit überlebt hatten, hatten sich an die veränderten Bedingungen angepasst. Die Meere waren erneut voller Fische.

Die meisten Fische waren noch kieferlos, aber jetzt begannen sich auch Kieferfische zu entwickeln. Eine Gruppe bildeten die Placodermen (»gepanzerte Haut«). Diese dem Hai ähnlichen Wirbeltiere wurden anfangs nur 60 cm lang und waren schwer gepanzert. Placodermen waren äußerst erfolgreich in ihrem Lebensraum, doch am Ende der nächsten Periode, dem Devon, waren auch sie für immer ausgestorben. Während ihrer stammesgeschichtlichen Lebensspanne von etwa 70 Millionen Jahren schwammen sie zwischen Seelilien, Tiere, die mit langen Stängeln am Meeresgrund verankert sind. Die silurischen Meere waren voll von diesen kleinen Geschöpfen, die in solchem Ausmaß und sol-

»ARME« UND PANZER
Dieser Placoderme hatte gelenkige knöcherne »Arme«, mit denen er vorwärts robbte. Der Körperpanzer blieb in dem Fossil erhalten.

TENTAKEL-FALLE
Die Tentakel dieser fossilen Seelilie sammelten treibende Nahrung.

cher Vielfalt gediehen, dass man die Erde als Planet der Seelilien hätte bezeichnen können. Im Silur entstanden auch riesige Korallenriffe, in denen grausame Seeskorpione von 2 m Länge lauerten, vollständig mit mächtigen Klauen versehen. Wenn man sich einen Hummer vorstellt, der länger ist als ein Mensch, erahnt man, wie diese albtraumhafte Kreatur ausgesehen hat.

SKORPION-KLAUEN
Pterygotus war die größte Gattung silurischer Meeresskorpione. Er legte sich in einen Hinterhalt, bevor er seine Beute packte und mit den zangenartigen Fängen in Stücke riss.

Sobald die Reise vom Meer zum Land begonnen hatte, ging die Evolution mit Riesenschritten voran. Aus den ersten zaghaften Schritten des Ordoviziums war inzwischen ein zuversichtliches Voranschreiten geworden. Im Silur eroberten

URZEITLICHE ARTHROPODEN

Hunderfüßer gehören zu den altertümlichsten heutigen Lebewesen. Diese vielbeinigen Aasfresser und Räuber gingen vor über 410 Millionen Jahren aus wasserlebenden Vorfahren hervor.

lebende Organismen zum ersten Mal wirklich das Land und machten es zu ihrem Zuhause. Zuerst kam die Herrschaft der Pflanzen, gefolgt vom Auftauchen der wirbellosen Tiere. Die ersten Landpflanzen waren die Lebermoose gewesen mit Blättern, die wie die Schuppen eines Fisches flach auf dem Boden lagen. Lebermoose und Flechten waren im Ordovizium aufgetaucht. Beides waren kriechende Formen. Jetzt erschienen an den Ufern von Teichen und Strömen aufrecht wachsende Pflanzen. Sie streckten sich zur Sonne. Durch die Entwicklung von Stützfasern und inneren Röhren, die als Kanäle für Feuchtigkeit dienten, konnten sie aufrecht stehen bleiben. Sie sind Gefäßpflanzen und unter ihnen befanden sich die Vorfahren von allen Arten heute existierender Landpflanzen. Mit der Fähigkeit, Feuchtigkeit zu speichern, gelang es den Pflanzen, sich weiter von den Ufern der Gewässer zu entfernen. Die erste aufrechte Pflanze war *Cooksonia*. Sie wurde etwa 10 cm hoch und hatte weder Blätter noch Wurzeln, sondern eine einfache Struktur mit verzweigten Stängeln. An den Spitzen der Stängel saßen kleine Kappen, die die Sporen enthielten, die vom prähistorischen Wind davongetragen wurden. Unter den anderen Pflanzen, die aufwärts krochen, war auch ein Verwandter des heutigen Keulenmooses, dessen Stängel bis zu 25 cm lang wurden. Diese hatten winzige federartige Blätter, die sie wie Pelz bedeckten. Aus frühen blattlosen Gefäßpflanzen sollten sich mit der Zeit alle blättrigen Pflanzen entwickeln. Die Oberfläche der Erde bestand noch weithin aus Wüste und kargem Fels, doch nun begann sich ein grüner Klecks von den Ufern der Flüsse und Ströme auszubreiten. Diese Pflanzen gaben nun auch Sauerstoff an die Atmosphäre ab und ermöglichten somit anderen Lebewesen, in dieser ungastlichen Landschaft zu wachsen und zu gedeihen.

Auch Tiere hatten inzwischen begonnen das Land zu besiedeln. In den Sandsteinen Westaustraliens wurden Trittmarken und Kratzer winziger silurischer Lebewesen freigelegt. Diese Arthropoden umfassten Tausendfüßer, Skorpione und Trigonotarbiden, die Verwandte der Spinnen waren. Viele Leute haben Angst vor Skorpionen und Spinnen, weil sie flink sind und gefährlich sein können. Sie sind aufmerksam und räuberisch. Aber vielleicht spüren diese Menschen auch, dass diese Lebewesen aus einer unbekannten prähistorischen Vergangenheit kommen. Die Arthropoden des Silur fraßen andere Arthropoden oder ernährten sich von Milben, die ihrerseits ihre Nahrung von verrottendem Pflanzenmaterial bezogen. Die Nahrungskette existierte nun auch an Land.

NEUE PFLANZEN
Die Stängel dieses Mooses halten jeweils eine Kapsel, die Tausende Sporen enthält. Wenn sie freigelassen werden, keimen sie als neue Miniaturpflanzen. Sporen ermöglichten den ersten Pflanzen wie *Cooksonia*, das Land in Besitz zu nehmen.

KAPITEL VIER

Das Zeitalter *der* Fische

*Zu Beginn des **Devons** vor etwa 417 Millionen Jahren fanden große Veränderungen auf der Erde statt. Nordamerika und Europa kollidierten und schufen dabei riesige Gebirge.*

DIE APPALACHEN IM OSTEN DER USA, die schottischen Highlands und die Berge Skandinaviens, die jetzt alle weit voneinander entfernt liegen, sind die Überreste einer einzigen gewaltigen Bergkette, die im Devon entstand. Kollidierende Landmassen bildeten damals auch die Gebirge Australiens. Diese Erdbewegungen stellen den

monumentalen Hintergrund für das Devon dar, das von vor 417 Millionen bis vor 354 Millionen Jahren dauerte. Es war die Periode, in der die Wirbeltiere an Land auftauchten. Es war aber auch das »Zeitalter der Fische«. Obwohl einige Teile der Erdoberfläche extrem trocken waren, ohne Pflanzenwuchs und verstaubt durch heiße Winde, war der Meeresspiegel sehr hoch und große Teile der beiden Superkontinente lagen noch unter Wasser.

Der Meeresspiegel war sehr hoch und die beiden Superkontinente Gondwana und Laurentia wurden von Flüssen und Strömen durchzogen, gesprenkelt mit Inlandmeeren und Seen, in denen das Süßwasserleben gedieh. In den Meeren wimmelte es von Leben. Es gab Knochenfische, Fische mit Kiefern und kieferlose Fische, Fische mit fleischigen Flossen und Fische mit Flossenstrahlen, Fische, die wie Kaulquappen aussahen, aalähnliche Fische und verschiedene Mollusken. Eine Gruppe der Mollusken, die Ammonoiden, erschienen erstmals in dieser Periode. In ihren großen, flachen Gehäusen, die wie Widderhörner gewunden waren, lebten ursprünglich Tentakel tragende Lebewesen mit schnabelartigen Kiefern, die den Meeresgrund nach Nahrung durchkämmten.

Ammonoiden sind aber nur ein Fossiltyp unter vielen. In der langen Erdgeschichte sind immer Pflanzen und Tiere gestorben und ihre Körper wurden von Sediment (Sand oder Schlamm) bedeckt. Normalerweise verrotteten die begrabenen Lebewesen vollständig, aber hin und wieder wurden die zerbrechlichen Überreste nach und nach durch Mineralien ersetzt. Im Laufe von vielen Jahrmillionen versteinerte das umgebende Sediment und ein Fossil entstand. Doch die Fossilüberlieferung ist sehr unvollständig. Es lebten viel mehr Arten, als es Fossilien gibt. Viele Weichtiere sind wohl völlig von der Erde verschwunden. Nur ein Bruchteil aller Fossilien wurde gefunden. Es könnte ganze Gruppen von Lebewesen geben, die bislang noch unbekannt sind, obwohl ständig neue Funde gemacht werden. Wer weiß, welches fremdartige Geschöpf noch aus den Gesteinen unerforschter Gebiete auftauchen wird, um dann weithin anerkannte Theorien über das Leben in der Vergangenheit umzustoßen?

Mit dem Auftauchen größerer räuberischer Wirbeltiere wurden die devonischen Meere zur Arena für einen intensiven Überle-

GEPANZERTE SCHNAUZE

Der kleine kieferlose Fisch *Pteraspis* schwamm wohl an der Oberfläche der devonischen Meere und fraß gierig krabbenähnliche Tiere. Sein gepanzerter Kopf hatte eine spitze Schnauze.

FOSSIL-DATIERUNG

Ammonoiden haben eine reiche Fossilüberlieferung hinterlassen. Bekannte Arten aus bestimmten Zeiten dienen der Datierung von Gesteinen.

benskampf. Die meisten Fische flohen vor den größeren Placodermen, die sich zu den größten Jägern unter den Wirbeltieren entwickelt hatten. Diese Panzerfische waren erstmals im Silur aufgetaucht, doch inzwischen waren viele schneller, kräftiger und grausamer geworden. Der gewaltige Placoderme *Dunkleosteus* (»Dunkles Knöcherner«, benannt nach seinem Entdecker) erreichte eine Länge von 5 m. Er hatte einen gelenkigen Nacken und konnte seine Beute mit rasiermesserscharfen plattenartigen Zähnen packen. Andere Placodermen erreichten bis zu 8 m Länge und waren mit Abstand die größten Wirbeltiere, die damals die

DER KNÖCHERNE
Dunkleosteus hatte einen massigen Kopf. Seine Kiefer hatten rasiermesserartige Zähne , die mit jedem Biss schärfer wurden.

FOSSILER ROCHEN
Gemuendina schwamm mit kräuselnden Bewegungen ihrer Seitenflossen. Sie stülpte ihre Kiefer aus, um Schalentiere zu knacken.

STACHELHAIE
Die urzeitlichen Stachelhaie hatten große Augen. Anders als moderne Haie jagten sie mithilfe des Sehsinns statt des Geruchssinns.

Meere bewohnten. Einige Placodermen wie *Gemuendina* waren rochenähnlich abgeflacht und hatten scharfe Zähne. Andere hatten primitive »Arme« entwickelt, mit denen sie auf dem Meeresgrund nach Nahrung stöbern konnten. Die meisten besaßen lange »Schwänze«, ähnlich denen von Ratten.

In diesen gefährlichen Meeren schwammen auch bereits Haie. Sie zeigten eine bemerkenswerte Ähnlichkeit mit den bedrohlichen Lebewesen, die 400 Millionen Jahre später noch immer die Ozeane durchstreifen und ein herausragendes Beispiel einer evolutionären Formel darstellen, die der Prüfung der Zeit standgehalten hat. Ihre primitive Kraft ist zweifellos der Grund für die Angst und Faszination, die sie bei Menschen auslösen. Frühe Arten hatten eine andere Maulform, aber ihre Schwänze und Flossen, ihre spitzen Zähne, die stromlinienförmigen Körper und ihre nicht aus Knochen, sondern aus biegsamer Knorpelmasse bestehenden Skelette zeigen, dass sie echte Haie waren.

Stachelhaie waren eine vollkommen andere Fischgruppe mit Flossen, die spitzen Zähnen ähnelten. Diese überwiegend kleinen Tiere waren unglaublich erfolgreich und überlebten etwa 170 Millionen Jahre. Es

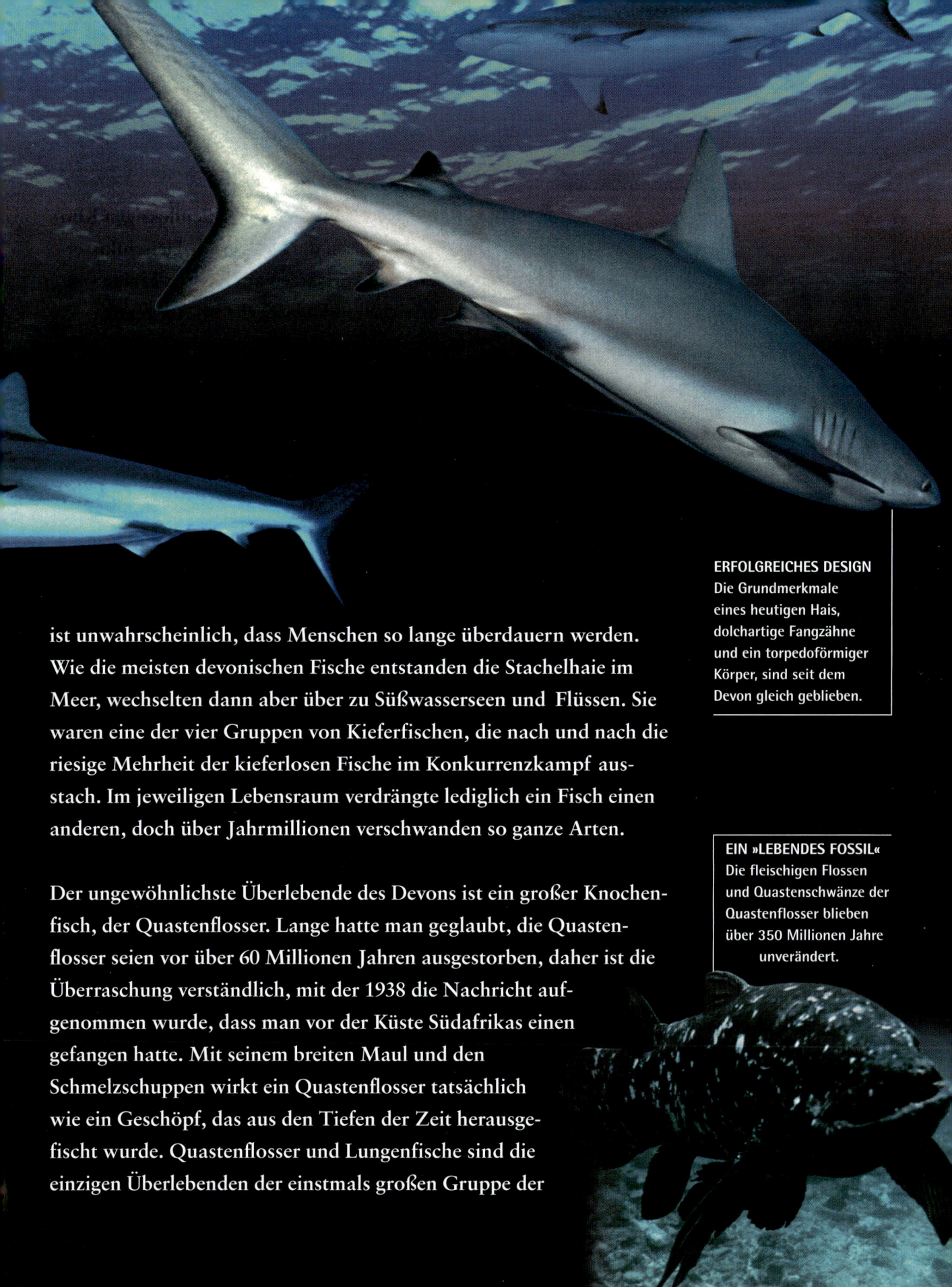

ist unwahrscheinlich, dass Menschen so lange überdauern werden.
Wie die meisten devonischen Fische entstanden die Stachelhaie im
Meer, wechselten dann aber über zu Süßwasserseen und Flüssen. Sie
waren eine der vier Gruppen von Kieferfischen, die nach und nach die
riesige Mehrheit der kieferlosen Fische im Konkurrenzkampf aus-
stach. Im jeweiligen Lebensraum verdrängte lediglich ein Fisch einen
anderen, doch über Jahrmillionen verschwanden so ganze Arten.

Der ungewöhnlichste Überlebende des Devons ist ein großer Knochen-
fisch, der Quastenflosser. Lange hatte man geglaubt, die Quastenflosser seien vor über 60 Millionen Jahren ausgestorben, daher ist die
Überraschung verständlich, mit der 1938 die Nachricht auf-
genommen wurde, dass man vor der Küste Südafrikas einen
gefangen hatte. Mit seinem breiten Maul und den
Schmelzschuppen wirkt ein Quastenflosser tatsächlich
wie ein Geschöpf, das aus den Tiefen der Zeit herausge-
fischt wurde. Quastenflosser und Lungenfische sind die
einzigen Überlebenden der einstmals großen Gruppe der

Von Flossen zu Beinen

Die ersten vierbeinigen Tiere (Tetrapoden) entwickelten sich im Devon aus fleischflossigen Fischen. Die Knochen, die diese Fischflossen stützten, entwickelten sich zu Gliedmaßen mit Hand- und Ellenbogengelenken, die wohl zur Fortbewegung im flachen Wasser dienten. Dies sind die einzelnen Entwicklungsschritte:

Eusthenopteron
Zwei Vorder- und Hinterflossen dieses Fisches enthielten Knochenstrukturen, die denen in den Gliedmaßen der ersten Tetrapoden gleichen.

Panderichthys
Dieser Fisch stand den frühen Tetrapoden sehr nahe. Er hatte einen langen, flachen Kopf und Flossen, die primitiven Gliedmaßen ähnelten.

Acanthostega
Dieser Räuber hatte eine Schwanzflosse und Kiemen, aber auch achtfingerige Hände, mit denen er sich zwischen Wasserpflanzen fortbewegte.

Temnospondylen
Diese Tetrapodengruppe hatte Gliedmaßen, Rippen und eine Wirbelsäule, die robust genug waren ihr Gewicht an Land zu tragen.

Fleischflosser. Anders als bei strahlenflossigen Knochenfischen wachsen die Flossen der Fleischflosser aus muskulösen Fortsätzen am Körper. Einige von ihnen entwickelten Flossen, die kräftig genug waren, um so etwas wie Arme oder Beine zu bilden. Eine folgenschwere Entwicklung, denn ihre Nachkommen bildeten tatsächlich Gliedmaßen aus und krochen aufs trockene Land. Für eine Weile gab es Lebewesen, die teils Fisch und teils Tetrapode (»vierfüßiges Tier«) waren, die zwar im Wasser lebten, aber atmen konnten. Solche »Amphibien« unternahmen bald Raubzüge an Land und verbreiteten sich über die ganze Welt.

Wenn sich Organismen verändern, passen sie sich normalerweise an eine sich verändernde Umwelt an. Die bestangepassten Angehörigen einer Art gedeihen und vermehren sich weiter, während die weniger gut angepassten Mitglieder ums Überleben kämpfen. Daraus resultieren Evolution und Aussterben. Dieser evolutionäre Wechsel kann sehr schnell geschehen, als eine Art Anpassungssprung, oder aber er vollzieht sich langsam und allmählich. Wissenschaftler glauben, dass der Übergang vom Fisch zum Tetrapoden allmählich vor sich ging, während das plötzliche Auftauchen von Flugreptilien zu einem späteren Zeitpunkt einen raschen Evolutionsschub nahe legt. Doch mit Sicherheit lässt sich das nicht sagen, vielleicht wurden die Fossilien der »Zwischenstufen« bisher einfach noch nicht gefunden. Die Landschaft, durch die diese ersten Tetrapoden krochen, war anders als alle vorherigen. Die primitiven Pflanzen des Silurs wurden von Pflanzen mit breiten Blättern, hölzernen Stängeln und Wurzeln abgelöst. Einige wurden über 18 m hoch. Wälder begannen große Gebiete der Erde zu bedecken und zum ersten Mal war das Land durch ein Blätterdach vor der Sonne beschattet. In dieser neuen Welt gediehen Farne, Moose und Sumpfpflanzen. Mehr Pflanzen bedeuteten mehr Nahrung für die Arthropoden. Flügellose Insekten fraßen verrottendes Pflanzenmaterial. Es gab nun auch echte Spinnen, die mit ihren Kiefern Insekten packen konnten, während Hundertfüßer, Skorpione und Milben an Pflanzen oder am jeweils anderen knabberten.

Nach über 60 Millionen Jahren endete dann aber auch das Devon mit einem Massensterben, möglicherweise ein Ergebnis der sich abkühlenden Temperaturen. Es hatte in diesem langen Zeitalter wahrscheinlich mehrere solcher Aussterbeereignisse gegeben, bei denen unzählige Arten für immer verschwanden. Als wäre die Erde so etwas wie ein schöpferisches Labor, das wiederholt austestet, welche Art am längsten überlebt.

ICHTHYOSTEGAS FUSS

Der schwimmflossenartige Umriss dieser Tetrapodenflosse, die in sieben kleinen Zehen endet, zeigt, dass sie im Wasser entstanden ist.

MIT EINEM BEIN DRAUSSEN

Der frühe Tetrapode *Acanthostega* konnte Luft atmen, aber seine kleinen Gliedmaßen belegen, dass er sich selten an Land begab. Er verbrachte die meiste Zeit im Flachwasser.

KAPITEL FÜNF

Das Zeitalter *der* Kohle

*Auf das Devon folgten das **Karbon** und das **Perm**, die zusammen etwa 106 Millionen Jahre dauerten. Diese Zeit nennt man auch das »Zeitalter der Kohle«.*

DIE BEIDEN HAUPTLANDMASSEN DER ERDE, Gondwana und Laurentia, bewegten sich jetzt gemeinsam. Florida war ein Teil des südlichen Superkontinents Gondwana, Kalifornien existierte nur in Form von vulkanischen Inseln. Das Karbon wies große klimatische Gegensätze auf. Laurentia schwitzte für eine Weile am Äquator, während Eisdecken Gondwana erfassten, als es über den Südpol zog. Während Klimabedingungen wechselten und sich Landmassen verlagerten, stieg und fiel der Meeresspiegel. Seine Schwankungen sind in den Gesteinsschichten markiert. Das Gestein aus dieser Zeit ähnelt einer Schichttorte, allerdings mit Tausenden von Schichten. Die Fossilien sind im Gestein eingeschlossen und legen Zeugnis ab von der Vergangenheit.

Dadurch weiß man, dass sich im Karbon riesige Tropenwälder über die nördliche Erdhälfte ausbreiteten. Es wurde so viel Sauerstoff von den Bäumen an die Luft abgegeben, dass der Anteil dieses lebensnotwendigen Gases auf 35 Prozent der Erdatmosphäre anstieg, höher als zu irgendeiner anderen Zeit (heute etwa 21 Prozent). Dies hatte zur Folge, dass Wirbellose, deren ineffiziente Atem-Mechanismen normalerweise ihr Wachstum begrenzen, sich nun zu Giganten auswuchsen.

Es gab auch Baumriesen. *Lepidodendron* und *Sigillaria*, mächtige Verwandte der heutigen niedrigen Bärlappe, erreichten Höhen von über 50 m und beherrschten die sumpfige Umwelt, in der sie wuchsen. Baumfarne erreichten Höhen von 8 m. Das Pflanzenleben in dieser feuchten und schattigen Blätterwelt war üppig und verschwenderisch. Einige Bäume wuchsen einfach gerade in die Höhe, unterschieden sich aber durch die elegante ring- oder spiralförmige Anordnung ihrer Blätter.

Grüne Schatten spiegelten sich in den brackischen Tümpeln und Seen, jedoch noch ohne weitere Farben, weil es bis dahin noch keine Blüten gab. Die Geräusche waren ebenfalls gedämpft. Es gab keine Rufe oder Schreie, nur das Kratzen oder leise Summen riesiger Insekten.

Wenn diese mächtigen Bäume und Farne zu Boden fielen, baute ihr vermoderndes

WACKELIGE RIESEN
In den sumpfigen Waldböden konnte der Riesenbärlapp *Lepidodendron* leicht umkippen. Heutige Sumpfbäume haben breite Stützwurzeln, die sie halten.

Gewebe Schichten aus Torf auf, einer Substanz, die dunklem Mutterboden ähnelt. Über viele Jahrmillionen wurde der Torf gepresst und fossilisierte zu schwarzer Kohle. Die Kohleflöze der Welt sind unsere Erbschaft aus dem Karbon, dessen Name wörtlich »kohlehaltig« bedeutet. Es ist wie ein Wunder, dass die Energie, die das Entstehen der modernen industrialisierten Welt ermöglichte, aus der Urzeit stammt. Bis heute sind wir abhängig von unserer vorgeschichtlichen Vergangenheit. Jedes Zeitalter des Planeten ist mit dem verbunden, was zuvor geschah. Die Urzeit sichert unser heutiges Überleben.

Und was war mit den Arthropoden, die zwischen diesen vorzeitlichen Bäumen herumflogen oder -krabbelten? Einige gehörten zu den größten und seltsamsten ihrer Art überhaupt. Schaben und Asseln gingen ihren lautlosen Weg über die Erde, so wie sie es noch Jahrmillionen

JEDE MENGE ARTHROPODEN
In der feuchten Welt des Karbons lebten viele neue Arthropodenarten. *Graeophonus* war ein Vorfahre der heutigen Geißelspinnen.

später tun. Aber es gab in der Arthropodenwelt auch Giganten. Im Schatten der Bäume und Farne lauerte eine Spinne von wahrhaft monströsen Ausmaßen. *Megarachne* hatte eine Beinspannweite von über 50 cm. Diese größte überlieferte Spinnenart erbeutete vielleicht sogar Wirbeltiere.

Eine Libellenart hatte eine Flügelspannweite von etwa 66 cm, was sie zum größten Fluginsekt der Erdgeschichte machte. Man stelle

KOHLEN-BLATT
Dieser elegante Farn wuchs in den Wäldern des Karbons. Er fiel in vollgesogenen Torf, der über Jahrmillionen zu Kohle wurde.

MEGA-SPINNE
Die karbonische Spinne *Megarachne* hatte einen Körper von der Größe einer kleinen Katze. Sie war doppelt so groß wie die größte heutige Spinne, die Goliath-Vogelspinne, und etwa dreimal so groß wie die hier gezeigte Tarantel.

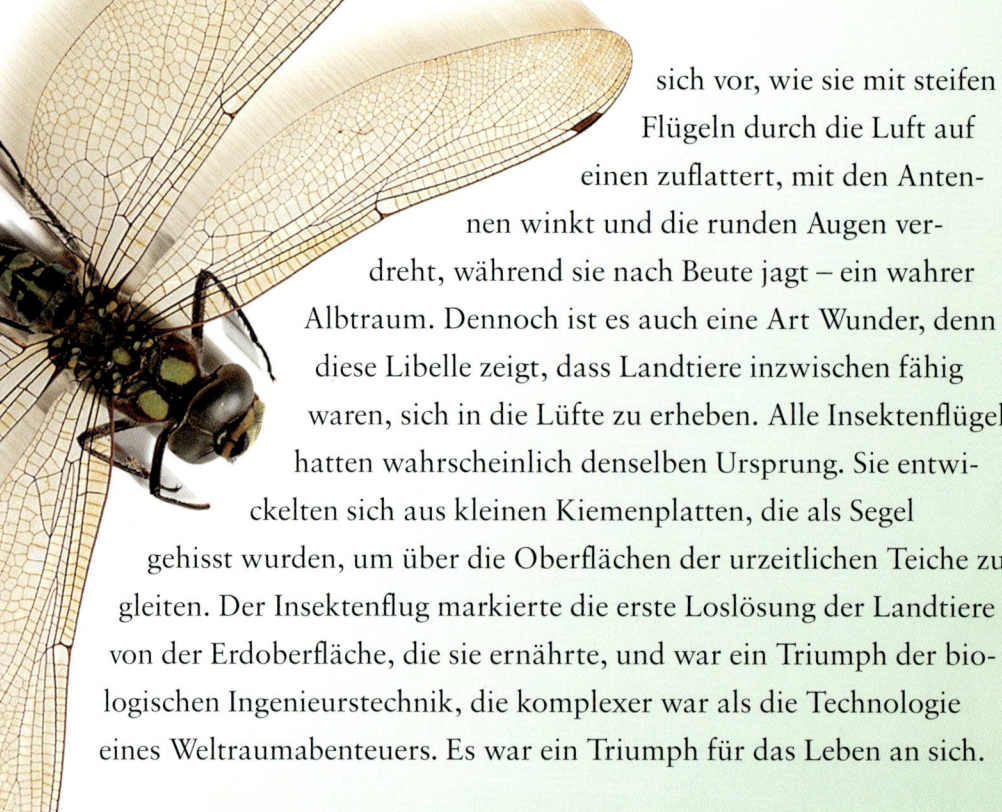

sich vor, wie sie mit steifen Flügeln durch die Luft auf einen zuflattert, mit den Antennen winkt und die runden Augen verdreht, während sie nach Beute jagt – ein wahrer Albtraum. Dennoch ist es auch eine Art Wunder, denn diese Libelle zeigt, dass Landtiere inzwischen fähig waren, sich in die Lüfte zu erheben. Alle Insektenflügel hatten wahrscheinlich denselben Ursprung. Sie entwickelten sich aus kleinen Kiemenplatten, die als Segel gehisst wurden, um über die Oberflächen der urzeitlichen Teiche zu gleiten. Der Insektenflug markierte die erste Loslösung der Landtiere von der Erdoberfläche, die sie ernährte, und war ein Triumph der biologischen Ingenieurstechnik, die komplexer war als die Technologie eines Weltraumabenteuers. Es war ein Triumph für das Leben an sich.

Diese frühe Libelle, *Namurotypus*, lebte in großen Sumpfwäldern, die von Lebewesen bewohnt wurden, die uns heute grotesk und erschreckend vorkämen. *Arthropleura* war ein Tausendfüßer von etwa 2 m

PROVIANT
Namurotypus, eine karbonische Riesenlibelle, packte mit ihren kräftigen Beinen Insekten und fraß sie im Flug. Heutige Libellen tun dasselbe, haben aber schwächere Beine.

WESTLOTHIANA LIZZIAE
Dieser kleine Tetrapode könnte ein früher Verwandter der Reptilien gewesen sein.

Amnioten–Ei

Die Reptilien gehörten zu den ersten Lebewesen, die ihren Nachwuchs in einer versiegelten Schale schützten, dem Amnioten-Ei. Es erlaubte den Reptilien trockenes Land zu besiedeln, im Unterschied zu den Amphibien, die am Wasser bleiben mussten, wo ihre Eier feucht blieben. Viele spätere Reptilien hörten ganz auf Eier zu legen und ernährten ihre Embryonen im Körper. Dies schützte die Embryonen noch besser.

Eigelb ernährt den Embryo.

Abfallprodukte werden in der Allantois gesammelt.

Embryo ist vom Amnion eingeschlossen.

Sich entwickelnder Reptilien-Embryo

Schalenmerkmale
Die Schale eines Amnioten-Eis verhindert, dass der Embryo austrocknet. Das Eigelb ist die Nahrungsreserve für den Embryo, der in einen Sack, das Amnion, eingebettet ist.

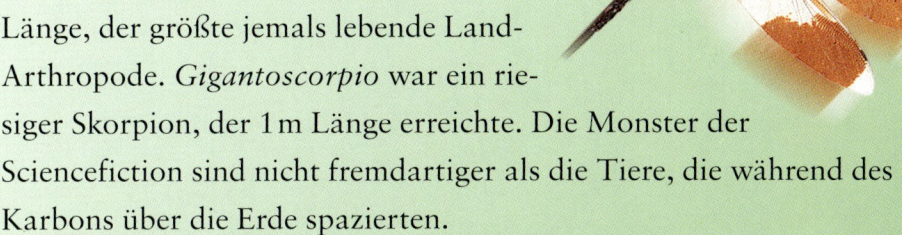

Länge, der größte jemals lebende Land-
Arthropode. *Gigantoscorpio* war ein rie-
siger Skorpion, der 1 m Länge erreichte. Die Monster der
Sciencefiction sind nicht fremdartiger als die Tiere, die während des
Karbons über die Erde spazierten.

Aber es gab auch andere, vertrautere Arten. Die amphibischen Tetrapoden, die zum ersten Mal im Devon aufgetaucht waren, hatten sich
inzwischen zu einer Vielzahl von Formen und Größen entwickelt.
Manche hatten sehr kurze Beine und schlangenartige Körper, andere
ähnelten eher Eidechsen. Eine davon wurde nach ihrem Entde-
ckungsort in Schottland *Westlothiana lizziae* getauft. Dieses kleine
Landtier mit Spitznamen Lizzie maß nur 20 cm und war zwergenhaft
gegenüber den verschiedenen krokodilartigen Fischfressern, die bis
zu 5 m lang wurden. Kleine Tetrapoden wie Lizzie sind von großer
Wichtigkeit. Sie waren die Vorfahren der ersten Reptilien – schuppige, wechselwarme Wirbeltiere, die sich durch Eiablage
oder Lebendgeburten an Land vermehren. Und aus den
Reptilien gingen dann die größten Landtiere
aller Zeiten, die Dinosaurier, hervor.

Die ersten Reptilien waren kleine,
eidechsenartige Lebewesen mit
scharfen Zähnen und kräftigen Schädeln. Reptilien hatten einen riesigen Vorteil
gegenüber den meisten anderen Land-Tetrapoden, denn
sie brauchten nicht zum
Wasser zurückzukehren,
um sich zu vermehren.
Die Reptilien konnten so

MONSTERFÜSSER
Riesentausendfüßer
von bis zu 2 m Länge
schlurften durch das
karbonische
Unterholz und
fraßen verrot-
tende Pflanzen.

genannte »Amnioten-Eier« legen, die einen Nährstoffvorrat und starke ledrige Häute oder Schalen hatten und es den ungeborenen Jungen erlaubten, sich zu entwickeln und dann in trockener Umgebung zu schlüpfen. Diese speziellen Eier ermöglichten den ersten Reptilien sich vom Wasser zu entfernen. Es gab eine sehr frühe Reptilienart, die man *Hylonomus* oder »Waldmaus« nennt, die aber eher wie ein winziger Drache aussah. Paläontologen haben seine Knochen in fossilisierten hohlen Baumstümpfen in Neuschottland (Kanada) gefunden. Die Tiere hatten sich entweder auf der Suche nach Beute dorthin gewagt und waren in die Falle geraten oder sie hatten Deckung vor Waldbränden gesucht. Verglichen mit einigen der monströsen Arthropoden, die die karbonische Landschaft durchstreiften, erscheinen sie klein und hilflos, doch sie waren die ältesten bekannten Vorfahren einer der am längsten überdauernden Wirbeltiergruppen der Erdgeschichte. Von diesen frühen Reptilien stammen Krokodile, Dinosaurier und Vögel ab. Vögel sind Abkömmlinge von Reptilien, deren Schuppen sich in Federn umgebildet hatten und deren Vorderbeine zu Flügeln geworden waren.

INSEKTENJÄGER
Wenn sich seine Körpertemperatur in der Morgensonne aufgewärmt hatte, konnte das winzige Reptil *Hylonomus* wahrscheinlich sehr flink hinter kleinen Arthropoden herlaufen, die es mit seinen starken Kiefern knackte und zerkaute.

Eine andere Form Eier legender Wirbeltiere tauchte nun ebenfalls auf. Die Angehörigen dieser Gruppe werden wegen einer Schädelöffnung hinter jedem Auge, die eine Aussparung für Kiefermuskeln gewesen sein könnte, Synapsiden (»mit Bögen«) genannt. Abkömmlinge der Synapsiden entwickelten ein Fell und gleichwarmes Blut und brachten die ersten Säugetiere hervor – haarige, warmblütige Tiere, die Milch produzieren, um ihre Jungen zu säugen. Doch die Synapsiden des Karbons ähnelten noch Eidechsen und erreichten Größen von etwa 3,5 m. Einige hatten ein riesiges Segel auf dem Rücken. Dies könnte eine Rolle bei der Verständigung mit Artgenossen gespielt haben, vielleicht beeinflusste das Segel aber auch die Körpertemperatur, indem es wärmende Sonnenstrahlen einfing oder kühlenden Wind.

Am Ende des Karbons kehrte das Eis mit Gewalt zurück und das Perm begann. Es dauerte über 42 Millionen Jahre, von vor 290 bis vor 248 Millionen Jahren. Das Perm wurde nach der Perm-Region im Uralgebirge benannt, das heute eine natürliche Barriere zwischen den europäischen und den asiatischen Teilen Russlands bildet. Diese Berge wurden durch Faltung im Perm geschaffen. Gondwana und Laurentia prallten aufeinander und gegen kleinere Kontinente wie Sibirien. Dabei schufen sie eine einzige große Landmasse, die die Welt fast von Pol zu Pol bedeckte. Diese nennt man Pangäa, was auf Altgriechisch

»die ganze Erde« bedeutet. Es war der größte Kontinent der Erdgeschichte.

In den südlichen Regionen von Pangäa dauerte die Vergletscherung an, die das Ende des Karbons markierte. Große Eisschilde bedeckten das heutige Südamerika, die Antarktis, Afrika und Australien, bis eine weitere Erwärmung der Erde in der Mitte des Perms erfolgte. Große Bereiche des Zentrums von Pangäa, das nun auf dem Äquator lag, waren so weit vom Meer entfernt, dass Wolken verdunsteten, bevor sie sie erreichten, und so bestanden diese Gebiete nur aus Wüste. Die üppigen Sümpfe des Karbons machten großen, lebensfeindlichen Trockenebenen Platz. Viele Amphibien

MEERESSCHWÄRME
Dieses fossile Gehäuse gehörte zu einem Goniatiten, einem Lebewesen, das in Flachmeeren um Pangäa häufig war. Goniatiten bewegten sich in großen Schwärmen in den Riffen. Ihre gasgefüllten Gehäuse erlaubten ihnen über dem Meeresgrund zu treiben.

und Reptilien gediehen aber im Norden Pangäas, wo es dunstig und feuchter war.

Auch die Flachmeere um Pangäa wimmelten von Leben. In dem warmen und brackigen Wasser gab es viele Korallen, Schnecken, Ammoniten und Krustentiere. Welch fremdartige Lebewesen wohl noch in den Tiefen des einzigen großen Meeres schwammen, das man die Tethys nennt? Das ist eines der Geheimnisse der Evolutionsgeschichte. Es gab zu jeder Zeit Millionen von Arten und die meisten von ihnen sind wohl noch immer unbekannt. Schätzungsweise 500 Millionen fossile Arten ruhen im Untergrund, doch bis zum heutigen Tag hat man nur ein paar hunderttausend Arten ausgegraben. Unsere Unkenntnis des vergangenen Lebens ist enorm. Und selbst heute bleiben die meisten der möglicherweise 10 bis 30 Millionen auf der Erde lebenden Arten unbenannt und unbekannt.

Der große Kontinent Pangäa hatte so gewaltige Ausmaße, dass es Verbreitungsmuster sowohl von Tieren als auch von Pflanzen gab. Die Blätter desselben ausgestorbenen Samenfarns wurden z. B. in Indien, der Antarktis, Südafrika und Südamerika entdeckt: der erste Beweis, dass diese heute weit entfernten Landmassen einst miteinander verbunden waren. In den trockeneren Gebieten waren Amphibien den Reptilien und Synapsiden gegenüber benachteiligt, die sich nicht mehr ins Wasser

zurückziehen mussten, um ihre Eier zu legen. Beide Gruppen gediehen, aber die Synapsiden waren anfangs zahlreicher und stellten etwa drei Viertel aller vierbeinigen Landwirbeltiere. Die Fossilüberlieferung des Perms ist voller Synapsiden-Knochen und ihren charakteristischen Zähnen.

Als sich das Klima änderte, breiteten sich Synapsiden von Norden nach Süden aus. Pelycosaurier waren frühe Synapsiden und ähnelten großen schuppigen Echsen mit starken Kiefern und beachtlichen Fangzähnen. Der grimmig aussehende Pelycosaurier *Dimetrodon* war eines der ersten Landtiere, das Tiere von seiner eigenen Größe erbeuten konnte – zumeist andere, Pflanzen fressende Pelycosaurier.

Während des Perms entwickelten sich die Pelycosaurier zu fortschrittlicheren Lebewesen, den Therapsiden, die eine größere Vielfalt an Körperformen und Größen zeigten. Permische Therapsiden umfassten die ersten stämmigen vierbeinigen Herbivoren (»Pflanzenfresser«) ebenso wie die großen kräftigen Jäger, von denen sie erbeutet wurden. Darunter waren die Dicynodontier (»zwei Hundezähne«), die ein wenig wie Flusspferde aussahen und Zähne hatten, die fürs Pflanzenkauen geschaffen waren. Eine andere Therapsidengruppe waren die Dinocephalier (»schreckliche Köpfe«). Einige dieser großköpfigen Tiere trugen bizarre Hornstrukturen auf ihren Köpfen. Sie hatten aufgerichtete Hinterbeine wie ein Säugetier, doch weit gespreizte Vorderbeine wie ein Reptil. Die Dinocephalier überlebten die Periode nicht und hinterließen keine Nachfahren. Aber eine

FOSSILER BEWEIS
Dies sind die fossilen Überreste von *Glossopteris*, einem großen Samenfarn, der in den südlichen Teilen Pangäas wuchs. Die weltweite Entdeckung seiner Fossilien auf der ganzen Welt war der erste Beweis dafür, dass die heute weit voneinander entfernten Kontinente einst Teile einer einzigen Landmasse waren.

KILLER MIT RÜCKENSEGEL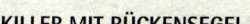
Dimetrodon blieb bei heißem Wetter wahrscheinlich kühl, indem es sein Segel Richtung Wind drehte. In der Dämmerung könnte es sich durch Drehen des Segels zur Sonne hin aufgewärmt haben. Dies ermöglichte ihm am frühen Morgen aktiv zu sein, während seine Beute noch kühl und träge war.

KLEINE MESOSAURIER
Im Perm kehrten diese Reptilien ins Wasser zurück, vielleicht wegen der Beute, die sie dort fanden. Sie bildeten paddelartige Schwänze und Schwimmhäute zwischen Fingern und Zehen aus.

Gruppe der Therapsiden, die Fleisch fressenden, hundeartigen Cynodontier (»Hundezähne«), waren erfolgreicher. Diese flinken Räuber waren in der nächsten Periode, der Trias, überaus fruchtbar.

Auch die beiden Hauptgruppen der Reptilien gab es schon zu dieser Zeit: Diapsiden (»zwei Bögen«) und Anapsiden (»ohne Bogen«), benannt nach der Anzahl der Schädelöffnungen hinter jeder Augenhöhle. Diapsiden umfassen einige ausgestorbene und einige lebende Reptilien. Dazu gehörten im Perm echsenähnliche Lebewesen und zumindest ein Lebewesen, *Coelurosauravus*, das auf Haut-»Flügeln« gleiten konnte. Anapsiden, oder »Parareptilien«, umfassten kleine echsenartige Formen ebenso wie viel größere Tiere, von denen einige vor Stacheln und Panzerplatten strotzten. Der Angst einflößende *Scutosaurus* (»Schutzschild-Echse«) z. B. war ein massiger Herbivore, etwa 2,5 m lang, mit einem riesigen rundlichen Körper, der mit knöchernen Hörnern und Höckern bedeckt war. Eine Schwestergruppe der Parareptilien waren die kleinen Mesosaurier (»Mittel-Echsen«), die auf ihrem entwicklungsgeschichtlichen Pfad umdrehten und ins Wasser zurückkehrten.

Die Evolution schreitet nicht immer in eine Richtung, von einfach zu komplex, von klein zu groß oder von Wasser zu Land. Sie kann innehalten und eine andere Richtung

EIN TIER VOLLER GEDÄRME
Der aufgeblähte Körper von *Scutosaurus* beherbergte enorme Gedärme für die Verdauung von festem Pflanzenmaterial. Die Stacheln und Hörner entwickelten sich im Alter und wurden zur Balz oder bei Kämpfen eingesetzt.

PERMISCHER GLEITER
Das baumbewohnende Reptil
Coelurosauravus hatte lange, knöcherne Stäbe an seinem Rücken.
Diese stützten Hautmembranen,
die sich als Gleitflügel aufspannten.

einschlagen, sie kann sich entscheiden zurückzugehen und sie kann bleiben, wo sie ist, und sich weigern nach oben zu streben. Manche vergleichen den Evolutionsprozess mit einem Busch mit tausend unterschiedlichen Ästen, die in verschiedene Richtungen wachsen. Pflanzen und Tiere passen sich an den Druck des Wettbewerbs oder an Veränderungen ihrer Umwelt an. Das Beispiel vom Reptil, das ins Wasser zurückkehrt, ist typisch dafür, in welch unerwartete Richtungen die Evolution verlaufen kann. Doch es gibt auch Hinweise dafür, dass sie manchmal in großen Schritten vorwärts springt. *Coelurosauravus* war zweifellos ein geflügeltes Reptil. Er war im wesentlichen den heutigen Flugdrachen sehr ähnlich. Er kann nicht sehr weit geflogen sein und glitt vielleicht eher von Baum zu Baum, als dass er ehrgeizige Luftübungen unternahm. Dennoch flog er. Dies ist eine weitere ungewöhnliche Entwicklung in der Geschichte der Welt, ein »Evolutionsschub«.

Am Ende des Perms, vor etwa 248 Millionen Jahren, wurde die Erde still. Zu dieser Zeit erfolgte das größte aller Massensterben – eine gewaltige Zerstörung von Leben, die 90 Prozent aller Arten umfasste. Die Ozeane heizten sich auf und 95 Prozent ihrer Populationen starben. Die Trilobiten, jene zähen, kleinen Lebewesen, die nun seit 270 Millionen Jahren überlebt hatten, gingen ganz unter. 70 Prozent aller Landtiere wurden ebenfalls ausgerottet. Für den Planeten war dies eine Katastrophe. Wissenschaftler

VULKANISCHE AUFSCHÜTTUNG

Vulkaneruptionen begruben riesige Landgebiete unter Millionen Kubikkilometern Lava und blockten das Sonnenlicht mit Gas und Staub ab.

MASSENTOD IM MEER

Gegen Ende des Perms fiel der Sauerstoffgehalt im Meerwasser, vielleicht ein Ergebnis der langsamer gewordenen Meeresströmungen. Dies erstickte die Korallenriffe und Tausende anderer Arten, die in ihnen lebten.

konnten bisher keinen Grund für dieses Massensterben festmachen, eine Klimaveränderng war aber sehr wahrscheinlich beteiligt. Der Ozean zog sich von den Küstenlinien zurück und die flachen Inlandmeere trockneten aus, wobei viele Meerestiere strandeten. Es gab zu dieser Zeit auch massive Vulkanaktivität, die dichte Wolken aus Staub und Kohlendioxidgas verursachte. Hitze, die unter dieser Wolkendecke gefangen war, wärmte die Oberfläche des Planeten stetig auf. Die steigenden Temperaturen könnten sogar die plötzliche massive Abgabe eines Gases, des Methanhydrats, vom Meeresboden ausgelöst haben, das das Leben im Meer erstickte. Auf jeden Fall fiel in den Meeren der Sauerstoffgehalt. Gewaltige Einschläge großer Meteoriten, die wahrscheinlich Tsunamis (riesige Meereswellen) um die Welt peitschten, könnten die Bedingungen weiter verschlechtert haben. Es gibt also viele mögliche Gründe und wahrscheinlich haben alle oder die meisten von ihnen zur Ausrottung fast sämtlicher Arten beigetragen.

Dies wurde zu einem Muster in der Erdgeschichte. In den vergangenen 500 Millionen Jahren gab es 54 Massen-

RIESIGE MEERESWELLEN
Tsunamis werden von Erdbeben oder Meteoriten verursacht. Sie rasen voran wie ein Düsenjet, verlangsamen sich aber, sobald sie Land erreichen.

sterben. Die Welt ist wahrlich ein gefährlicher Wohnort. Einige Aussterbeereignisse waren direkte Folge von Meteoriteneinschlägen. Es gibt auf der Welt 30 Krater, die mehr als 10 km breit sind. Die Meteoriten, die diese Krater verursacht haben, hatten katastrophale Folgen für das Leben. Dennoch beruhen die meisten Massensterben auf Ereignissen, die innerhalb des Planeten stattgefunden haben. Temperaturschwankungen im geschmolzenen äußeren Kern lösen Schaudern und Seufzen in den tiefen Strukturen der Erde aus. Als Ergebnis driften die tektonischen Platten weiter, verlagern dabei Landmassen, werfen Gebirgsketten auf und lassen riesige Mengen geschmolzenen Gesteins und Gas aus Vulkanen austreten. Von Zeit zu Zeit heizen diese globalen Umwälzungen zusammen mit periodischen Wechseln der Erdumlaufbahn um die Sonne den Planeten auf oder frieren ihn ein. Heute befindet sich die Erde noch in einer ihrer »Eisphasen«, doch wenn diese eines Tages zu Ende ist, werden die Polareiskappen als das Wunder eines vergangenen Zeitalters gelten.

Die Geschichte der Erde ist im Grunde die Geschichte der Verschwundenen. Die Fußabdrücke von permischen Reptilien, die im Wüstensand gefunden wurden, sind einzigartig. Sie können nie wieder gebildet werden. Man stelle sich die Einsamkeit des letzten Lebewesens seiner Art vor, dessen Tod diese Art für immer auslöschen wird. Doch es gibt Trost in dieser Chronik des steten Wechsels. Manche Arten haben überlebt. Das Leben scheint sich auf irgendeine Weise zu behaupten. Die Wirbeltiere z.B. haben alle Aussterbeereignisse überlebt und existieren bis heute.

IN DEN TOD GEWANDERT
Diese einsame fossile Fußspur stammt von einem permischen Reptil, das vor über 250 Millionen Jahren gelebt hat. Die Reptilgruppen wurden am Ende des Perms vom Massensterben stark in Mitleidenschaft gezogen.

KAPITEL SECHS

Die Herrschaft *der* Reptilien

*Im Perm gediehen und starben viele Arten, doch sie wurden in der **Trias** durch wunderbare neue Lebewesen ersetzt.*

MIT DEM BEGINN DER TRIAS ENDETE nach 300 Millionen Jahren das Paläozoikum oder das »Zeitalter des urzeitlichen Lebens«. Nun begann eine neue Ära, das Mesozoikum oder das »Zeitalter des mittleren Lebens«. Wir unterteilen die 180 Millionen Jahre des Mesozoikums in drei Perioden – die Trias, den Jura und die Kreidezeit. Dies waren die Zeiten, in denen die Reptilien die Erde beherrschten. Die wichtigsten Reptilien waren die Archosaurier, zu denen die berühmtesten aller prähistorischen Lebewesen, die Dinosaurier, gehörten. Die

große Landmasse von Pangäa bildete noch immer die dominante geografische Grundlage der Trias, obwohl man die schwachen Umrisse von Afrika, Amerika und Asien bereits auf der zusammenhängenden Landmasse erahnen kann.

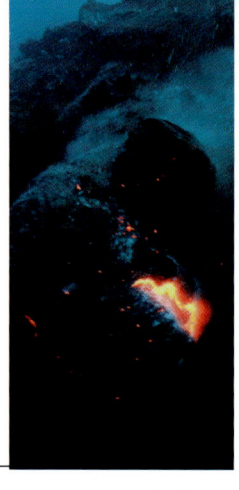

In der Trias öffneten die Bewegungen der Erdplatten einen großen Spalt auf dem Grund des Panthalassischen Ozeans, dem mächtigen Meer, das die Hälfte der Erdoberfläche bedeckte. Der Spalt wurde breiter, während die Platten auseinander gezogen wurden, und die Lücke wurde fortwährend mit heißer Lava gefüllt, die aus dem darunter liegenden geschmolzenen Mantel hervorquoll. Die Platten bewegten sich langsam nordwärts und ließen die Gebiete, die den Äquator kreuzten, heißer und trockener werden. In einer so langen Zeitspanne (die Trias dauerte von vor 248 bis vor 206

MARINER ARCHOSAURIER
Nothosaurus war ein amphibisch lebender langhalsiger Räuber mit vielen Fangzähnen. Er lebte überwiegend in den triassischen Meeren, könnte aber an Land geruht und Junge geboren haben, ähnlich wie heutige Robben.

Millionen Jahren) gab es große klimatische und geografische Veränderungen. Der Meeresspiegel stieg und fiel wieder und die Temperaturen schwankten. Neue Korallen wuchsen in den warmen, sonnenbeschienenen Meeren, die viele Knochenfische beherbergten. Von ihnen wurden unversehrte Fossilien gefunden – sie scheinen geradezu im Stein zu schwimmen. Die Formenfülle der Cephalopoden und anderer Mollusken entwickelte sich wiederum explosionsartig und aus zwei, drei Arten entstanden hundert andere und schufen ein Meeresleben von enormer Vielfalt.

Von neuem kehrten viele Reptilien ins Wasser zurück, vielleicht wegen der Beutemengen, die sie dort jagen konnten. Das gilt vor allem für die Nothosaurier und die Ichthyosaurier. Sie sind nicht mit den Dinosauriern verwandt, obwohl viele sie fälschlicherweise für Dinosaurier des Ozeans halten. Nothosaurier konnten 3 m lang werden und glitten mit ihren langen Hälsen und den großen Flossen durch die triassischen Gewässer. Einige Ichthyosaurier wurden bis zu 23 m groß. Abgesehen

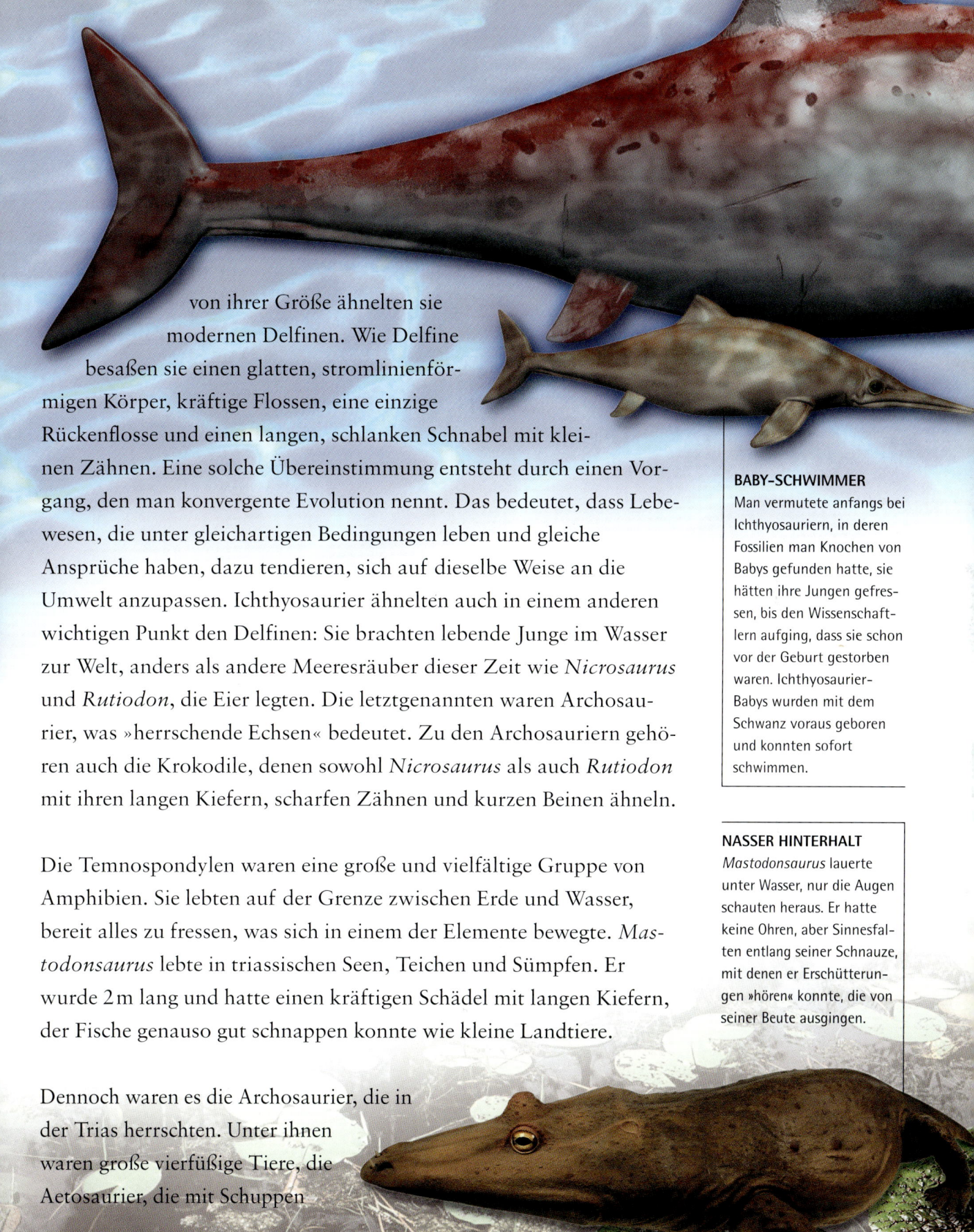

von ihrer Größe ähnelten sie modernen Delfinen. Wie Delfine besaßen sie einen glatten, stromlinienförmigen Körper, kräftige Flossen, eine einzige Rückenflosse und einen langen, schlanken Schnabel mit kleinen Zähnen. Eine solche Übereinstimmung entsteht durch einen Vorgang, den man konvergente Evolution nennt. Das bedeutet, dass Lebewesen, die unter gleichartigen Bedingungen leben und gleiche Ansprüche haben, dazu tendieren, sich auf dieselbe Weise an die Umwelt anzupassen. Ichthyosaurier ähnelten auch in einem anderen wichtigen Punkt den Delfinen: Sie brachten lebende Junge im Wasser zur Welt, anders als andere Meeresräuber dieser Zeit wie *Nicrosaurus* und *Rutiodon*, die Eier legten. Die letztgenannten waren Archosaurier, was »herrschende Echsen« bedeutet. Zu den Archosauriern gehören auch die Krokodile, denen sowohl *Nicrosaurus* als auch *Rutiodon* mit ihren langen Kiefern, scharfen Zähnen und kurzen Beinen ähneln.

Die Temnospondylen waren eine große und vielfältige Gruppe von Amphibien. Sie lebten auf der Grenze zwischen Erde und Wasser, bereit alles zu fressen, was sich in einem der Elemente bewegte. *Mastodonsaurus* lebte in triassischen Seen, Teichen und Sümpfen. Er wurde 2 m lang und hatte einen kräftigen Schädel mit langen Kiefern, der Fische genauso gut schnappen konnte wie kleine Landtiere.

Dennoch waren es die Archosaurier, die in der Trias herrschten. Unter ihnen waren große vierfüßige Tiere, die Aetosaurier, die mit Schuppen

BABY-SCHWIMMER
Man vermutete anfangs bei Ichthyosauriern, in deren Fossilien man Knochen von Babys gefunden hatte, sie hätten ihre Jungen gefressen, bis den Wissenschaftlern aufging, dass sie schon vor der Geburt gestorben waren. Ichthyosaurier-Babys wurden mit dem Schwanz voraus geboren und konnten sofort schwimmen.

NASSER HINTERHALT
Mastodonsaurus lauerte unter Wasser, nur die Augen schauten heraus. Er hatte keine Ohren, aber Sinnesfalten entlang seiner Schnauze, mit denen er Erschütterungen »hören« konnte, die von seiner Beute ausgingen.

bedeckt waren wie mit einem schweren Panzer. Einige, wie *Desmatosuchus*, hatten gefährlich aussehende Stacheln oder Hörner an ihren Körperseiten und blattförmige Zähne, was darauf hindeutet, dass sie Pflanzenfresser waren. Sie lebten in den Überschwemmungsebenen zusammen mit anderen Pflanzenfressern mit Stoßzähnen, den Rhynchosauriern. Diese langsamen Archosaurier fraßen auf Bodenhöhe und waren leichte Beute für große Fleisch fressende Monster wie die Rauisuchier. Rauisuchier waren die grimmigsten Räuber der Trias, wobei einige bis zu 10 m Länge erreichten. Sie hatten scharfe Zähne und Kiefer wie die tödlichsten Dinosaurier. Ihre vier kräftigen Beine lassen vermuten, dass sie mit hoher Geschwindigkeit hinter ihrer Beute herliefen.

Eine Gruppe der Archosaurier, die Dinosaurier, ersetzte nach und nach fast alle anderen. Die ersten echten Dinosaurier traten in dieser Periode auf. Das Wort Dinosaurier bedeutet im Altgriechischen »schreckliche Echse« und einige von ihnen waren in der Tat schrecklich. Die ersten waren wahrscheinlich nicht größer als große Hunde, doch sie wuchsen und wuchsen. Innerhalb der jeweiligen Gruppen der Fische, Reptilien, Vögel und Säugetiere schienen sich immer größere Formen herauszubilden. Diese Tendenz zum Wachstum scheint für alle Lebewesen natürlich zu sein. Am Ende der Trias

SEHVERMÖGEN

Ichthyosaurier hatten riesige knöcherne Augenhöhlen, in denen Augäpfel von der Größe einer Bowlingkugel saßen. Solch große Augen verraten, dass diese Tiere mithilfe ihres Sehsinns jagten.

LEICHTGEWICHT-KILLER

Coelophysis durchstreifte in Rudeln das triassische Arizona. Sein schlanker Körper hatte die Länge eines Kleinwagens, aber er wog nicht mehr als ein achtjähriges Kind. Er fing Echsen und kleine Säugetiere.

waren einige Dinosaurier auf eine Länge von über 6 m ange-
wachsen. Sie sind über die Erde geschritten oder gestapft.
Einige waren zweibeinig, andere vierbeinig, aber alle gingen auf ihren Zehen, oder »Fingern« und Zehen, und
hielten mit ihren Schwänzen das Gleichgewicht.

Die größten der frühen Dinosaurier waren die langhalsigen, Pflanzen fressenden Prosauropoden. Sie
waren wohl die ersten Wirbeltiere, die hoch genug
waren, um von Bäumen zu fressen, während sie auf
dem Boden standen. Sie waren auch die ersten Dinosaurier, die so schwer wurden wie heutige Elefanten.

Unter den kleineren Dinosauriern war der frühe Theropode *Coelophysis*, der wahrscheinlich wie ein Hund im
Rudel gejagt hat. Die Tiere waren nicht sehr groß, aber
sie müssen sehr grausam gewesen sein. Vielleicht
fraßen sie sich hin und wieder sogar gegensei-

TIER-KANNIBALEN
Winzige Knochen innerhalb
des Brustkorbs dieser fossilen *Coelophysis* zeigen,
dass seine letzte Mahlzeit
ein Artgenosse war, ein
Coelophysis-Baby. Erwach-
sene fraßen wahrscheinlich
jedes Tier, das klein genug
war, um geschluckt zu
werden. Einige lebende
Reptilien wie Krokodile
tun das ebenfalls.

tig auf. Die Fossilien von jungen *Coelophysis* wurden in den Mägen von Erwachsenen gefunden.

Am erstaunlichsten jedoch sind die fliegenden Reptilien. Dies waren Lebewesen mit Angst einflößenden Kiefern und Zähnen und der unverwechselbaren Flügelkonstruktion. Es gab andere Reptilien, die mit langen, nach hinten ausgestreckten Beinen glitten. Aber die bekanntesten sind die Pterosaurier. Sie hatten Flughäute, die sich vom verlängerten vierten Finger einer Hand bis zum Rumpf spannten. Sie hatten auch lange Schwänze, die ihren Flug stabilisierten, und außerdem große Schädel: Würde man einen auf sich herabstoßen sehen, so würde man einen kräftigen Schnabel und große hervortretende Augen erkennen. Ihre Flügelspannweite war unterschiedlich, die größten maßen über 2,5 m.

Neben den Reptilien gab es die Synapsiden, die aus dem Karbon stammten. Einige von ihnen, die Cynodontier, sahen aus wie Hunde von über 1 m Länge und hatten spitze Schneidezähne. Sie trugen wahrscheinlich alle ein Fell

Vom Cynodontier zum Säuger

Die Kieferknochen von *Thrinaxodon*, einem Cynodontier, zeigen ein entscheidendes »Mittelstadium« in der Evolution von den frühen Synapsiden wie *Dimetrodon* zu den modernen Säugern. Die Unterkieferknochen schrumpften, sodass der ganze Unterkiefer nur noch aus einem einzigen großen Dentale bestand. Die Kiefergelenk-Knochen verlagerten sich in den Schädel hinein, um den Mittelohrknochen zu bilden, der nicht mehr zum Beißen, sondern zum Hören dient. Sie übertragen Schallwellen ans Innenohr.

Thrinaxodon-Schädel
Das Dentale ist groß und die Gelenkknochen sammeln sich am hinteren Bereich des Kiefers, wo das Trommelfell liegt.

Dentale

Gelenkknochen

Dimetrodon-Schädel
Der Kiefer enthält ein kleineres Dentale und eine größere Gruppe von Gelenkknochen. Das Ohr ist hinter dem Kiefer positioniert.

Dentale

Gelenkknochen

und einige kleine Exemplare waren die direkten Vorfahren der wichtigsten Neuankömmlinge auf der Welt, der Säugetiere. Einer der ersten Säuger ähnelte mit seiner langen beweglichen Schnauze einem Maulwurf. Er legte Wühlgänge im Boden an und war nachtaktiv. In dieser gefährlichen Welt war es für diese kleinen Pelztiere wahrscheinlich sicherer, in der Nacht aufzutauchen als tagsüber. Zweifellos lebten diese frühen Säuger von Insekten, unter denen sich Käfer und Schaben fanden, die direkt mit den heutigen Insekten verwandt sind. Das Überleben der Insekten ist eines der Wunder unseres Planeten, ein Symbol des Beharrungsvermögens von allem Lebendigen.

In der Trias erschienen die ersten Termiten-Kolonien. Diese winzigen Lebewesen gediehen an Sümpfen und in Lagunen, in großen Koniferenwäldern und in Schuppentannenhainen. Es gab noch weitere uns vertraute Tiere in dieser vorgeschichtlichen Landschaft. Ein froschähnliches Lebewesen tauchte erstmals auf, ebenso die Vorfahren der Krokodile und Schildkröten, die schon damals ihre Eier an Stränden ablegten. Alle diese Tiere überlebten ein weiteres Massensterben, das das Ende der Trias markierte. Wieder einmal verschwanden viele Formen des See- und Landlebens.

KOLONIALSTÄDTE
Während der Trias bildeten Termiten enorme »Städte«, in denen bereits verschiedene Gruppen spezielle Aufgaben verrichteten, um dem Wohl der Kolonie zu dienen.

KAPITEL SIEBEN

Welt *der* Giganten

*Der **Jura** wurde nach den Jura-Bergen in Frankreich und der Schweiz benannt, wo Gesteinsformationen sich in diese ferne Zeit zurückdatieren lassen.*

DIESE PERIODE DAUERTE ETWA 64 Millionen Jahre, von vor 206 bis vor 142 Millionen Jahren. Das Klima war warm und die Polareiskappen tauten ab. Nach dem Erfolg der Jurassic-Park-Filme braucht die Periode wohl keine Einführung, dennoch ist sie vielfältiger und überraschender als die Filme zeigen. Pangäa, die große

Landmasse, begann langsam zu zerbrechen und der Atlantik füllte die sich verbreiternde Lücke zwischen Afrika und Südamerika. Wenn man diese beiden großen Kontinente auf einer Karte anschaut, kann man erkennen, dass sie einst verbunden waren wie Teile eines riesigen Puzzles. Die Bewegung der tektonischen Platten hatte große Gebirgsketten aufgeworfen, die langsam auf den wandernden Kontinenten um die Welt getragen werden.

Körperhaltung

Um zu verstehen, wie 20-Tonnen-Sauropoden wie *Diplodocus* ihre langen Hälse und Schwänze halten konnten, muss man sich vorstellen, dass ihre Wirbelsäule wie eine Hängebrücke funktionierte. Die Beine sind die Brückenpfosten und die Wirbelsäule ist die Straße, die dazwischen verläuft. Die Bänder und Muskeln des Rückens sind die Brückenkabel, die Hals und Schwanz hochhalten und das Gewicht des Tieres verteilen.

Tiefe Löcher in den Wirbelkörpern helfen Gewicht zu reduzieren.

Schwanz läuft zu einer Peitschenschnalle aus.

Diplodocus-Skelett

Kabel halten die Straße und verteilen das Gewicht.

Anders als die Straße einer Hängebrücke waren die Wirbel beweglich, sodass Hals und Schwanz biegsam waren.

In den jurassischen Ozeanen erreichten die Ichthyosaurier enorme Längen und schwammen in ihrer marinen Welt gemeinsam mit den gleich großen Plesiosauriern. Diese hatten Hälse von bis zu 5 m Länge und fraßen Fische und Mollusken, von denen es ebenfalls Tausende von Arten gab. Es gab Haie und Stachelrochen und nun auch die modernen Typen der stachelflossigen Knochenfische, die Teleostier. Die größten Fische der Erdgeschichte schwammen in diesen Meeren. Es gab auch Seelilien, die über 15 m Länge erreichten. Aggressiv aussehende Raubfische mit Schnäbeln und Zähnen breiteten sich aus.

Auf der jurassischen Erde gab es flache Binnenmeere und tropische Vegetation. Während einige der inneren Regionen von Pangäa vermutlich trocken waren, kahle Ebenen aus Sand und Sanddünen, bestand der

größte Teil des Landes aus Wäldern, Dschungeln, Flüssen, Bächen, Sümpfen und Marschen. Die reichliche Versorgung mit üppiger Vegetation und die ganzjährig warmen Temperaturen stellten ideale Bedingungen für die Dinosaurier dar, die sich rasch zu einer breiten Vielfalt an Formen und Größen entwickelten. Die Verschiedenartigkeit und Menge an Leben muss im Jura erstaunlich gewesen sein. Es ist leicht, sich einen friedlichen, ungestörten Wald vorzustellen, in dem nur das entfernte Brüllen eines *Diplodocus* zu hören ist, aber in Wirklichkeit wimmelte die Erde wahrscheinlich von Tieren. Einige der größten Dinosaurier aller Zeiten lebten im Jura und ragten höher hinauf als fünfstöckige Häuser. Andere waren weniger als einen halben Meter lang und flitzten mit hoher Geschwindigkeit über das Land.

Diplodocus erreichte eine Länge von etwa 27 m – länger als drei Busse – und hatte vier massive Beine, einen langen schlanken Hals und einen spitz zulaufenden Schwanz. Er war Pflanzenfresser, konnte aber wahrscheinlich seinen langen Hals nicht sehr hoch heben und wird wohl an niedrigen Farnen geknabbert haben. Es gab einen Dinosaurier aus derselben Familie, der passenderweise *Seismosaurus*

LANGHALS
Der lange Hals von *Diplodocus* verlieh ihm eine erstaunliche Reichweite. Vielleicht konnte er sich sogar auf seine Hinterbeine stellen, um die Baumkronen zu erreichen oder sich mit seinen »Händen« zu wehren.

MONSTER-FLEISCHFRESSER

Megalosaurus wurde 1824 nach der Entdeckung seiner fürchterlichen, mit Fangzähnen versehenen Kieferknochen benannt. Er hatte einen großen Kopf, einen dicken Hals und kräftige Beine. Jeder seiner Füße und Hände trug drei mörderisch lange, scharfe Krallen.

BEEINDRUCKENDER KAMM

Die beiden oblatendünnen Kopfkämme von *Dilophosaurus* sollten wahrscheinlich imponieren. Beim Kopfnicken sah ein Männchen damit größer und gefährlicher aus.

genannt wurde oder »Erdbebenechse«. Er erreichte die unglaubliche Länge von 34 m und wog über 30 Tonnen. Diese Sauropoden durchstreiften die Wälder des Jura und riefen einander vielleicht mit einem Schrei, wie er seitdem nie mehr auf See oder an Land gehört wurde. Dies ist ein Aspekt dieser Zeiten, der meistens übersehen wird. Seit das Leben sich vom Meer zum Land verlagert hatte, war die Erde nicht mehr still. Wahrscheinlich hatten zumindest einige der Dinosaurier einfache Hilfsmittel entwickelt, um miteinander zu kommunizieren – Wut- oder Warnschreie, Kampf- oder Paarungsrufe. Neben dem Surren von Insekten gab es nun tausend andere Stimmen, die durch die Wälder hallten.

Unter ihnen war die von *Brachiosaurus* oder »Armechse«, einem weiteren Sauropoden, der während des Jura lebte. Seinen Namen erhielt er wegen seiner langen Vorderbeine, obwohl auch seine Hinterbeine wuchtig waren. Sein Oberschenkelknochen war über 2 m lang. Er war ein weiterer Pflanzenfresser mit einem riesigen Hals, das Tier erreichte eine Körperlänge von 25 m. Ein Mensch hätte allein schon neben seinem Bein, das wie ein Pfeiler aus Fleisch und Knochen aussah, zwergenhaft gewirkt.

Im frühen Jura gab es Fleisch fressende Dinosaurier wie *Dilophosaurus* (»Zweikammechse«) mit zwei Kämmen auf seinem Schädel. Der Zweck dieser Kämme ist nicht bekannt, außer dass sie eine Art von Zurschaustellung gewesen sein könnten, um den Tieren zu ermöglichen Artgenossen zu erkennen oder um Rivalen zu vertreiben. *Dilophosaurus* war Teil einer vielfältigen Gruppe von Theropoden, den Ceratosauriern oder »gehörnten Echsen«, von denen manche eine Länge von 7 m erreichten.

Und es gab die Monster-Fleischfresser. Die fossilen Überreste von *Megalosaurus*, der »Großechse«, gehörten zu den ersten Dinosauriern, die überhaupt erforscht wurden. Ihre Entdeckung löste im frühen

COMPSOGNATHUS
Dieser kleine Räuber war ein Coelurosaurier (»hohlschwänzige Echse«), eine neue Gruppe von Theropoden, die später die mächtigen Tyrannosaurier hervorbrachten. Er lebte auf warmen Inseln, jagte Insekten und fraß Aas von Lebewesen, die an Land gespült wurden.

19. Jahrhundert eine wahre Besessenheit von den fremdartigen »Echsen« der vorgeschichtlichen Vergangenheit aus. *Megalosaurus* war ein Räuber und ein tetanurer (»steifschwänziger«) Theropode. Wie die frühen Dinosaurier lief er auf den Zehen seiner Hinterbeine, wobei er die drei klauenbesetzten Finger jeder Hand zum Fangen seiner Beute ausstreckte. Es gab viele Varianten dieser Jagdmaschine, einige waren klein und schnell, andere größer und schwerfälliger. Zu diesen zählten die Fleisch fressenden Dinosaurier, die Allosaurier.

Stegosaurus war ein mögliches Opfer der Allosaurier, trotz der großen Knochenplatten, die aus seinem Rücken herausstanden. Seine Angst einflößende Erscheinung ist irreführend, denn die Platten dienten wahrscheinlich zur Regulierung seiner Körpertemperatur. Seine Haut war dick und zäh und seine Kehle wurde von knöchernen Buckeln geschützt, während sein Schwanz vier große Stacheln zur Abwehr von Angriffen der Fleischfresser trug. Der Panzer der Stegosaurier gibt uns eine Vorstellung davon, wie gefährlich die Welt war, die die Dinosaurier bewohnten.

Aus diesem Grund werden Dinosaurier auf Bildern oder in Ausstellungen oft in Angriffs- oder Verteidigungshaltung gezeigt, mit geöffneten Kiefern, die Reihen von dolchartigen Zähnen entblößen, oder aggressiv vorstehenden Klauen. Doch das

SCHWER BEWAFFNET
Die Furcht einflößenden Platten auf dem Rücken von *Stegosaurus* dienten wahrscheinlich nicht zur Verteidigung, sondern zur Kontrolle der Körpertemperatur. Das Tier war durch einen keulenähnlichen Schwanz und Höcker an seinem Hals gut geschützt.

ist nur die halbe Wahrheit über die Dinosaurier. In den letzten Jahren ist Wissenschaftlern klar geworden, dass viele Arten und Gruppen ein gemeinschaftliches Familienleben führten. Pflanzenfresser lebten zur Sicherheit in Herden zusammen. Einige bauten Gemeinschaftsnester und manche Theropoden ließen sich offensichtlich nieder, um ihre ungeborenen Jungen wie ein Vogel auszubrüten. Die Beschützer-Instinkte müssen stark gewesen sein. Ein Dinosaurier der Kreidezeit (die auf den Jura folgte) wurde in einer Haltung gefunden, die vermuten lässt, dass er seine Eier vor einer bevorstehenden Katastrophe beschützen wollte. Ein Erdrutsch überwältigte höchstwahrscheinlich ihn und seine Eier und schuf Fossilien, die nun steinerne Mahnmale einer unendlich fernen Zeit darstellen. Der fälschlicherweise *Oviraptor* (»Eierdieb«) genannte Dinosaurier war mit Federn bedeckt.

Ein gefiederter Theropode muss ein erstaunlicher Anblick gewesen sein, besonders wenn seine Federn leuchtend farbig waren. Federn wurden benutzt, um Jungtiere zu beschützen, aber sie dienten hauptsächlich dazu, den Wärmeverlust eines wahrscheinlich gleichwarmen Tieres zu verhindern. Aus einem gefiederten Dinosaurier ging der erste Vogel hervor.

Der älteste bekannte Vogel heißt *Archaeopteryx* (»uralter Flügel«) und lebte vor etwa

GUTER FLIEGER
Der jurassische Pterosaurier *Dimorphodon* hatte große Augen und ein gutes Gleichgewichtsgefühl, weshalb er wohl ein begnadeter Flieger war.

EIERFORMEN
Es gab viele Typen von Dinosaurier-Eiern. Sie reichten von »Kanonenkugeln« über »lange Brotlaiber« (hier zu sehen) bis zu winzigen Eiern, die in eine Hand passen.

150 Millionen Jahren. Er hatte den Kopf, die Hände, die Beine und die knöcherne Schwanzstruktur eines kleinen theropoden Dinosauriers, aber auch Flügel und Schwanzfedern. Er hatte lange Sprinter-Schienbeine und große glänzende Augen, um seine Beute zu erspähen. Er war nicht größer als eine Elster. Ursprünglich glaubten Paläontologen, dass dieser Vogel an Baumstämmen hochkletterte, um dann hinunterzugleiten und kleine Tiere wie Insekten zu fangen. Möglicherweise hob *Archaeopteryx* aber auch ab, indem er über den Boden rannte. Gefiederte Lebewesen wie dieses waren die Vorfahren aller heutigen Vögel.

Die ersten Vögel hatten Zähne, ebenso wie eine weitere Gruppe von Wirbeltieren, die die jurassische Luft bevölkerten, die fliegenden Reptilien oder Pterosaurier. Einige erlangten eine Flügelspannweite von 12 m und waren so groß wie ein kleines Flugzeug. Andere waren nicht größer als ein durchschnittlicher Spatz. Pterosaurier hatten Schwingen, die mit Haut bespannt waren und für Verletzungen anfälliger waren als die gefiederten Flügel der Vögel. Aus diesem Grund setzten sich die Vögel mit der Zeit am Himmel durch.

Der Jura war eine Periode der schöpferischen Erneuerung und des Wachstums, weshalb er vermutlich zum Objekt so vieler Filmabenteuer wurde. Als eine junge Engländerin, Mary Anning, im frühen 19. Jahrhundert Ammoniten in den Gesteinen der Lyme Regis

KURZFLUG

Archaeopteryx ist wohl hinter Insekten hergelaufen und abgesprungen, um sie in der Luft zu fangen, wobei er mit den Flügeln schlug, um oben zu bleiben. Aber dieser Vogel flog nicht weit. Das kleine Brustbein lässt auf schwache Flugmuskeln schließen.

STEINFEDERN

Der gefiederte *Archaeopteryx* war für viele Wissenschaftler der Beweis, dass Vögel eine Dinosaurierart sind, die fliegen lernte.

in Südwest-England fand, löste sie eine
regelrechte Fossilien-Manie aus. Als
auch bald danach die Überreste von Ichthyosauriern und Plesiosauriern freigelegt wurden, die die jurassischen Meere
durchstreift hatten, wuchs sofort die Faszination für
diese »Monster« aus der Tiefe. Viele Kunststiche
wurden angefertigt, auf denen eine albtraumhafte Welt
abgebildet war, von unheimlichen Lebewesen bewohnt, wie wir
sie heute aus vielen Filmen kennen.

Dinosaurierfossilien führten jedoch auch zu einigem Aberglauben.
Die Leute hielten sie einst für Darstellungen des Teufels oder für
Überbleibsel von Lebewesen, die bei der Sintflut ertrunken waren. Sie
gaben Anlass zu Mythen und Legenden. Die Geschichte des einäugi-
gen Riesen Polyphemus in der griechischen Mythologie basiert wahrscheinlich auf dem Fund eines Fossils. Die Gerüchte von Drachen und
fliegenden Schlangen, die im Mittelalter sehr verbreitet waren, basier-
ten wohl auf der Entdeckung von Gesteinen, in denen die Umrisse von
Dinosauriern und Pterosauriern erkennbar waren. Die Ausgrabung
versteinerter Überreste ließ die Menschen damals glauben, dass es
göttliche Wesen gab, die eine lebende Kreatur in Stein verwandeln
könnten.

DINOSAURIER-WISSENSCHAFT

Menschen haben Tausende
von Jahren Dinosaurier aus-
gegraben, so wie diesen
Heterodontosaurus, doch
erst im 19. Jahrhundert
begannen Wissenschaftler
sie ernsthaft zu studieren.
Der Begriff »Dinosaurier«
(»schreckliche Echse«) wurde
von dem britischen Paläontologen Richard Owen im
Jahr 1842 geprägt.

Erst in der Mitte des 19. Jahrhunderts setzte sich
die Erkenntnis durch, dass Fossilien die Überreste
längst ausgestorbener Lebewesen waren. Dies
erforderte große Vorstellungskraft: Die Erde war
so alt, dass einst monströse Lebewesen auf ihr
wandelten, die nun verschwunden waren. Und auf
der Erde lebten einst keine Menschen. Es war ein
anderer Planet als der, den wir heute kennen.

DRACHENGLAUBE

Der Glaube an Dra-
chen könnte aus
Dinosaurierfunden
entstanden sein.

ENTSTEHUNG
DER ERDE

KAPITEL ACHT

Dinosaurier-
Vielfalt

*Die Erde erreichte nun die nächste große Periode der Erdgeschichte, die **Kreidezeit**, benannt nach der Kreide, die aus den winzigen Fossilien der Coccolithen entstand.*

DIE KREIDE, MIT DER WIR AUF TAFELN SCHREIBEN, wurde aus marinen Lebewesen gebildet, die vor über 65 Millionen Jahren existierten. Sie ist eine der unmittelbarsten und zugleich fremdartigsten Erinnerungen an prähistorisches Leben. Ein weiteres Beispiel sollte hier erwähnt werden. Die moderne Welt ist abhängig vom Öl und viel von diesem Öl bildete sich aus Plankton, das in den warmen Meeren der Kreidezeit lebte. Wenn diese winzigen Organismen starben, wurden sie langsam unter dem Meeresgrund begraben. Ihre verwesten Überreste wurden nach und nach zu schwarzem Rohöl. Der wichtigste Brennstoff der modernen Zeit wurde uns durch die Existenz winzigster Lebewesen aus der Vergangenheit beschert.

Die Kreidezeit dauerte von vor 142 bis vor 65 Millionen Jahren vor unserer Zeit. Es war das letzte Zeitalter der Dinosaurier, in dem diese sogar noch vielfältiger wurden. Dies war teilweise das Ergebnis einer geologischen Veränderung. In der Kreidezeit spaltete sich das riesige Gebiet von Pangäa in die heutigen Kontinente, während sich zwischen den verschiedenen Landmassen große Ozeane bildeten. Nordamerika und Europa begannen auseinander zu driften, Afrika und Südamerika teilten sich und der Atlantik dehnte sich dazwischen aus. China tauchte vollständig aus dem Meer auf. Australien und die Antarktis waren noch miteinander verbunden, doch in der späten Kreidezeit bildete sich zwischen ihnen ein Ozean, der der Antarktis schließlich zu ihrer einzigartigen polaren Isolation verhalf. Die Bewegungen der tektonischen Erdplatten verursachten lange Perioden vulkanischer Aktivität. Zu manchen Zeiten muss die Westküste der beiden Teile Amerikas ein Inferno aus Gas, Vulkanstaub und Lava gewesen sein.

Als der alte Superkontinent zerbrach und seine Teile auseinander drifteten, wurde das Pflanzen- und Tierleben vielfältiger, die Landschaften der jeweiligen Gebiete unterschieden sich sehr voneinander. Mehrmals lag eine riesige Überschwemmungsebene dort, wo heute Südengland ist. Ein Meer teilte Nordamerika von Nord nach Süd in zwei Landmassen und Wüsten eroberten die Mitte Asiens.

Als die Kreidezeit begann, existierten die Dinosaurier bereits seit 88 Millionen Jahren und während dieser gesam-

Vogelbecken oder Echsenbecken?

Die Dinosaurier werden nach der Struktur ihres Beckens in zwei Hauptgruppen unterteilt: die Saurischia (Echsenbecken-Dinosaurier) und die Ornithischia (Vogelbecken-Dinosaurier). Merkwürdigerweise entwickelten sich Vögel aus Echsenbecken-Dinosauriern.

Echsenbecken
Die meisten Echsenbecken-Dinosaurier hatten ein nach vorn gerichtetes Pubis (Schambein) ähnlich einer Echse. Die Gruppe umfasste Pflanzenfresser und Fleischfresser.

Pubis

Gallimimus

Vogelbecken
Vogelbecken-Dinosaurier hatten wie Vögel ein nach hinten gerichtetes Pubis. Sie alle waren Pflanzenfresser.

Pubis

Hypsilophodon

ten Periode blieben sie die wichtigsten Landtiere. Am Ende der Kreidezeit hatten die Dinosaurier etwa 165 Millionen Jahre überdauert. Den modernen Menschen, den *Homo sapiens*, gibt es noch nicht einmal eine Viertelmillion Jahre. Unsere Art muss noch 660-mal so viele Jahre überstehen, um das Durchhaltevermögen der Dinosaurier zu erreichen.

Während der letzten großen Entwicklungsphase der Dinosaurier bildete sich eine gewaltige Vielfalt an Arten heraus. Sie alle gehörten zu einer der beiden Hauptgruppen, den Saurischiern (»Echsenbecken-Dinosaurier«) oder den Ornithischiern (»Vogelbecken-Dinosaurier«). Die Tiere beider Gruppen legten Eier in Nester, halfen wahrscheinlich beim Schlüpfen und fütterten ihre Jungtiere.

Einer der seltsamsten Vogelbecken-Dinosaurier der frühen Kreidezeit war *Psittacosaurus* (»Papageien-Echse«), dessen Schädel einem Papagei ähnelte. Der Rest seines Körpers glich dem einer Echse, allerdings mit langen Hinterbeinen. Dieser harmlose Pflanzenfresser konnte ziemlich schnell laufen, um Räubern zu entfliehen, was vielleicht erklärt, dass seine Gruppe über 40 Millionen Jahre überlebte.

Die Theropoden waren eine extrem vielfältige Gruppe von Echsenbecken-Dinosauriern mit einigen vogelähnlichen Formen. *Caudipteryx* (»Schwanzfeder«) war von Federn bedeckt. Dieser Dinosaurier ähnelte einem Truthahn und pickte wahr-

DINO-TRUTHAHN

Mit seinem Schnabel und den Federn erinnerte *Caudipteryx* an einen flugunfähigen Vogel. Doch seine Zähne und die Klauen an den Händen legen nahe, dass dieser Dinosaurier wohl nicht an der Vogelevolution beteiligt war.

scheinlich Saatkörner, die er mit verschluckten Steinchen im Magen zermahlte. Ein anderer vogelähnlicher, gefiederter Theropode ist *Deinonychus* (»schreckliche Klaue«). Er war eine wirklich Furcht einflößende Kreatur, denn er war 3 m lang, hatte scharfe Zähne und eine große sichelförmige Kralle an jedem Fuß, mit der er seine Beute aufschlitzen konnte. Der verwandte *Velociraptor* (»schneller Räuber«) war ein Jäger, dessen Kiefer dicht mit klingenartigen Fangzähnen besetzt waren. Er trug wahrscheinlich sowohl haarartige, federähnliche Filamente zum Wärmen als auch lange Federn zum Imponieren.

Einige der vogelähnlichsten Theropoden nennt man »Vogel-Mimikry«-Dinosaurier. Sie erinnern uns an flugunfähige, langbeinige Vögel wie Strauße. Der größte von ihnen, *Gallimimus* (»Hühner-Mimikry«), war 6 m lang. Er hatte einen Hals wie ein Strauß, einen vogelartigen Schnabel, lange Arme mit krallenbesetzten Fingern und einen langen knöchernen Schwanz.

Die Farben dieser Dinosaurier kann man nur erraten. Es ist möglich, dass ihre Haut oder Federn mit leuchtenden Blautönen, Gelb und Rot der kreidezeitlichen Land-

GEFIEDERTER RÄUBER
Velociraptor hatte mehrere Vogelmerkmale. Neuere Hinweise lassen vermuten, dass er gefiedert war. Er hatte wohl sogar gefaltete Arme, die Flügeln ähnelten.

STRAUSSENBEINE
Gallimimus lief wahrscheinlich mit hohen Schritten wie ein Strauß. Anders als ein Strauß hatte er einen langen Schwanz, um das Gleichgewicht zu halten.

schaft Glanz verliehen. Oder aber sie hatten Tarnfarben, sodass sie mit den Braun- und Grüntönen der urzeitlichen Wälder verschmolzen.

Die Hauptfeinde von Dinosauriern waren andere Dinosaurier und Kämpfe zwischen ihnen konnten sehr brutal sein. Zwei Fossilien, die in der mongolischen Wüste entdeckt wurden, enthüllen, was in einem tödlichen Überlebenskampf geschah. Ein *Velociraptor* hatte einen Pflanzenfresser, einen *Protoceratops*, angegriffen und hielt dessen Kopf fest, während das Beutetier seinen Angreifer mit seinem Schnabel gepackt hatte. Ein plötzlicher Sandsturm begrub sie während ihres offenen Kampfes. Diese Fossilien sind aussagekräftiger als die schönste Statue, sie sind die Skulpturen einer schweigenden und unsichtbaren Vergangenheit, wirkliche Abbilder einer verschwundenen Welt.

Protoceratops packt den Angreifer mit seinem Schnabel.

Velociraptor greift die Schnauze des Opfers und tritt mit dem Krallenfuß zu.

Einige Dinosaurier haben möglicherweise hin und wieder auch gegen Artgenossen gekämpft. Männliche *Pachycephalosaurus*-Exemplare hatten einen dicken Schädel, mit dem sie wahrscheinlich in der Paarungszeit die Köpfe ihrer Rivalen rammten.

Der Schädel von *Pachycephalosaurus* sieht seltsam aus, aber auch nicht merkwürdiger als die kammtragenden Köpfe der Hadrosaurier, die wegen ihrer breiten, zahnlosen Schnäbel besser bekannt sind als »Entenschnabeldinosaurier«. Einige hatten bizarre hohle Gebilde auf ihren Köpfen, die das Geräusch ihres tiefen Gebrülls verstärkt haben könnten. Diese friedlich aussehenden

TÖDLICHE UMARMUNG

Sogar ein grausamer Theropode wie *Velociraptor* ging ein Risiko ein, wenn er einen schwerfälligen Pflanzenfresser wie *Protoceratops* angriff, wie diese ineinander verwickelten Fossilien zeigen. Der Theropode konnte sich nicht aus dem Biss des Opfers freikämpfen, obwohl er es mit seinen tödlichen Krallen aufschlitzte.

STRASSENLÄUFER
Der große, athletische *Gallimimus* konnte 80 Stundenkilometer schnell sprinten, schneller als das schnellste Rennpferd.

Pflanzenfresser erreichten eine Länge von 12 m. Noch seltsamer war das unbeholfene Tier namens *Therizinosaurus* (»Sensen-Echse«). Es hatte einen pferdeartigen Kopf, einen langen Hals und trottete auf zwei langen, schweren Beinen umher, doch seine kurzen, stummeligen Arme waren mit erstaunlichen Klauen von über 60 cm Länge ausgestattet.

Andere Dinosaurier der Kreidezeit, die mit außergewöhnlichem Kopf- schmuck protzten, waren die Pflanzen fressende Gruppe der Ceratop- sier, von denen *Triceratops* wohl der bekannteste ist. Sie trugen ver- schiedene Hörner in ihren Gesichtern und große Knochenkragen am Hinterkopf. Die Hörner dienten als Verteidigungswaffen und die auf- fälligen Kragen waren wahrscheinlich zum Imponieren da.

Die berühmtesten Dinosaurier der Kreidezeit sind jedoch *Iguanodon* und *Tyrannosaurus rex*. Das *Iguanodon* war ein Pflanzenfresser und erreichte eine Länge von 9 m. Es konnte sich auf die Hinterbeine aufstellen, um die Blätter hoher Bäume zu errei- chen. An jedem Daumen wuchs ein Stachel, der sowohl zum Angriff als auch zur Verteidigung diente. Die fossilen Fuß- und Hautabdrücke von *Igua- nodon* in Seenablagerungen weisen darauf hin, dass es sich wie ein heutiges Nashorn gern im Schlamm wälzte. Die Anzahl und Nähe der fossilisierten Abdrücke lassen ver- muten, dass diese Tiere in Herden wanderten.

Tyrannosaurus rex (»König der Tyrannenechsen«) war in jeder Hinsicht noch gewaltiger. Er hatte einen großen Kopf und wuchtige Kiefer mit einer Reihe dicker, scharfer Zähne. Sein Maul hätte einen Menschen mit einer einzigen Bewegung verschlingen können. Es ist ungewöhnlich, dass solch ein massiges Tier auf den drei

Hadrosaurierkämme

Die Kämme der Hadrosaurier hatten seltsame Höhlungen, die wohl Geräuschsignale an die Herde verstärkten. Die Art des Geräusches hing von der Form des Kammes ab. Töne von niedriger Frequenz überwinden große Entfernungen und ein Räuber konnte nur schwer feststellen, aus welcher Richtung sie kamen.

Hornkopf
Der hohle, mit Röhren durchzogene Kamm auf dem Schädel von *Parasaurolophus* war mit seiner Nase und Kehle verbunden, sodass sein Gebrüll wohl posaunenartige Hupgeräusche verursachte.

Knochen

Lange, mit der Nase verbundene Höhlung

Parasaurolophus

Therizinosaurus
(»Sensen-Echse«)

Iguanodon
(»Leguanzahn«)

Zehen seiner Hinterbeine lief, doch vielleicht konnte er dadurch seine Beute mit erstaunlich hoher Geschwindigkeit hetzen. Seine Arme waren winzig, aber muskulös und die zweifingrigen Hände endeten in gebogenen Klauen. Diese Stummelarme scheinen ziemlich nutzlos gewesen zu sein, als befänden sie sich in einem evolutionären Schrumpfungsprozess. Vielleicht halfen sie dem Monster, aus dem Liegen wieder aufzustehen. Wie es sich für seinen »königlichen« Status geziemt, war *Tyrannosaurus rex* einer der kräftigsten Raubsaurier. Er gehörte auch zu den Letzten, die ausstarben.

Genauso wie einige Dinosaurier damals bereits Merkmale wie Schnäbel und Schwanzfedern mit Vögeln gemein hatten, scheinen auch die Säugetiere dabei gewesen zu sein, ihre Formen zu verändern. Gegen Ende der Kreidezeit tauchten Placentalier auf, deren Babys im Körper der Mutter von einem speziellen Organ, der Plazenta, ernährt wurden. Zu den frühen Placentaliern gehörten Lebewesen, die den modernen Maulwürfen und Mäusen ähnelten und sich rasch ausbreiteten. Die meisten waren kleine Tiere, die sich nur nachts hervorwagten, wenn die Theropoden schliefen.

Es gab auch Säuger, die als Marsupialier (Beuteltiere) bekannt sind, weil die Mütter ihre Jungen in einem Marsupium, einem Bauchbeutel, aufziehen. Die Beuteltiere lebten einst in vielen Regionen der Welt, starben aber nach und nach aus und wurden von Placentaliern ersetzt. Doch sie überlebten in Australien, das sich von der Antarktis abgespalten hatte und ein eigenständiger Kontinent wurde.

MONSTERMAUL
Löcher, die in den Opfern von *Tyrannosaurus* gefunden wurden, belegen, dass seine gebogenen Fangzähne tief in Fleisch und Knochen eindrangen. Beim Herausziehen riss das Monster große Stücke Fleisch heraus. Seine Kiefer und sein Hals waren so stark, dass er seine Opfer allein durch Schütteln töten konnte.

FRÜHER PLACENTALIER
Der spitzmausähnliche Säuger *Zalambdalestes* war ein flinker Läufer und konnte springen, um Räubern zu entfliehen. Er fraß kleine Arthropoden.

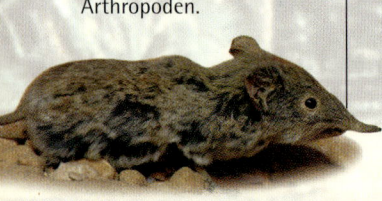

Hier, fernab vom Konkurrenzkampf mit anderen Arten, konnten sich die Beuteltiere behaupten und brachten Wesen wie Koalas, Opossums, Wallabys und Kängurus hervor.

Und was geschah mit den Vögeln, die erstmals am Himmel des Jura geflogen waren? Sie hatten sich in der Kreidezeit zahllos vermehrt. Zur großen Gruppe der Enantiornithinen gehörte der spatzengroße *Eoalulavis*. Er hatte einen Federbüschel an seinem Daumen, der ihn beim Landen und Hocken auf Bäumen unterstützte. Zu einer anderen Gruppe gehörte *Confuciusornis*, der noch Krallen und Becken der ältesten Vögel, aber schon den zahnlosen Schnabel und den kurzen Schwanz der späteren Arten besaß. Es gab auch Vögel, die ihre Flugfähigkeit verloren hatten wie

GEFIEDERTE SCHAREN
Der krähengroße Vogel *Confuciusornis* ließ sich in Bäumen nieder, fraß Pflanzen und brütete zu Hunderten in Kolonien. Männchen waren durch zwei lange, auffällige Schwanzfedern gekennzeichnet.

JÄGER ODER AASFRESSER?
Einige Wissenschaftler behaupten, dass der schwere *Tyrannosaurus rex* zu langsam war, um lebende Beute zu jagen, und stattdessen Aas fraß.

der zahnlose Seevogel *Hesperornis*. Diese 2 m große Art ähnelt heutigen Tauchvögeln und sie schwamm, um zu jagen. Die fliegenden Vögel teilten sich die Luft mit zahllosen Insekten und Pterosauriern. Einige waren allerdings so groß, dass es schwer vorstellbar ist, wie sie vom Boden

EIN PTEROSAURIER SCHWINGT SICH EMPOR
Der kolossale Kopfkamm von *Pteranodon* diente wohl als »Ruder« oder Stabilisator, wenn das Tier über den Meeren segelte.

abheben konnten. *Pteranodon* hatte eine Flügelspannweite von etwa 9 m und einen kunstvollen Kamm am Hinterkopf. Es hatte einen großen Kiefer, aber keine Zähne. Andere Flugreptilien waren noch größer, darunter *Quetzalcoatlus*. Er hatte die Spannweite eines Kampfflugzeugs aus dem Zweiten Weltkrieg.

Das Leben in den Meeren der Kreidezeit war ebenfalls vielfältig und vielleicht vertrauter. Es gab Krebse und Schildkröten sowie Fische, die Flussbarschen und Heringen ähnelten. Sie teilten sich die Ozeane mit den langhalsigen Plesiosauriern, den Elasmosauriern und einer neuen Gruppe von Meeresreptilien, den Mosasauriern. Elasmosaurier konnten 15 m lang werden, Mosasaurier hatten Furcht einflößende Kiefer von bis zu 1,5 m Länge. Mit breiten Ruderflossen und langen Schwänzen waren Plesiosaurier und Mosasaurier extrem schnelle Schwimmer.

URZEITPFLANZEN
Die schöne Magnolie erschien erstmals in der mittleren Kreidezeit, womit sie zu den ältesten Blütenpflanzen gehört. Ihre Verteidigung gegen die Pflanzen fressenden Dinosaurier war, dass sie extrem schnell wuchs.

Pflanzen wuchsen üppig in der außergewöhnlichen Hitze der Kreidezeit. Mit dem Auftauchen blühender Pflanzen veränderten sich die Landschaften erheblich. Das Erscheinen der Farben ist so erstaunlich wie der Beginn des Fliegens oder das Auftauchen der Dinosaurier. Die ersten Blumen waren schmächtige, weichstängelige Pflanzen, aus denen die Vorfahren der Birke, der Palme, der Eiche, der Lilie und der Magnolie hervorgingen. Die älteste bekannte Blütenpflanze ist *Archaefructus* (»vorzeitliche Frucht«) und man glaubt, dass sie mindestens 125 Millionen Jahre alt ist. Blumen der Kreidezeit bildeten

Staubgefäße und Stempel aus wie jede moderne Blüte. Sie wurden von urzeitlichen Insekten befruchtet, ein bienenähnliches Lebewesen aus dieser Periode wurde in Bernstein gefunden. Insekten wie Bienen, Schmetterlinge und Wespen entwickelten sich zeitgleich mit den Blütenpflanzen. Es ist, als wäre ein ganz neues Ökosystem in all seiner Vielfalt und Komplexität fertig hervorgezaubert worden. Aber so war es natürlich nicht. Es hatte gewiss unvorstellbar viele Fehlstarts gegeben, Zusammenbrüche und Misserfolge. Aber die Koevolution von

Blüten und bestimmten Insekten ist noch immer eine der erstaunlichsten Entwicklungen auf der Erde. Die Kreidezeit ging ebenfalls mit einem großen Massensterben zu Ende, bei dem 75 Prozent der damals existierenden Pflanzen- und Tierarten für immer verschwanden. Es löschte auch die Dinosaurier aus. Nach 165 Millionen Jahren wurden sie von einem verheerenden Ereignis hinweggefegt. Ebenfalls ausgelöscht wurden die Ammoniten, nachdem sie bereits über 300 Millionen Jahre überlebt hatten. Pterosaurier starben aus. Mosasaurier starben aus. Und zahllose andere Meerestiere verschwanden.

Dieses schreckliche Ereignis vor 65 Millionen Jahren ist in der Wissenschaft als die »K-T-Grenze« bekannt (K für Kreide und T für Tertiär, die folgende geologische Periode). Sie ist in der Gesteinsabfolge mar-

LANGHALSIGER RIESE
Plesiosaurier wie *Elasmosaurus* »flogen« anmutig durch das Wasser, indem sie abwechselnd mit ihren beiden Flossenpaaren schlugen. Weibchen könnten sich selbst an Land gehievt haben, um Eier zu legen.

GRENZSCHICHT
Eine dunkle Linie, die zwei Gesteinsschichten in Italien trennt, bezeugt einen massiven Asteroideneinschlag, der Gas, Staub und Gestein über die Welt blies.

TIEFER EINSCHLAG
Der Asteroid, der möglicherweise den Chicxulub-Krater in Mexiko aushöhlte, traf die Erde mit einer Kraft, die 10000-mal größer war als alle Atombomben der Welt zusammen.

kiert: ein dunkles Band zwischen zwei helleren Schichten. Die Zeugnisse der einen Lebensform liegen unter und die einer anderen liegen über diesem Band. Die Welt veränderte sich während der Ablagerung dieser ein oder zwei Zentimeter dicken Linie. Forscher haben in dieser Tonschicht große Mengen eines Metalls namens Iridium gefunden. Iridium kommt auf der Erde selten vor, wurde aber häufiger in Asteroiden und Meteoriten nachgewiesen. Das Element könnte aus einem Asteroiden stammen, der in die Erde einschlug und große Teile des irdischen Lebens zerstörte. Ein Zufallsereignis, das die gesamte Geschichte des Planeten veränderte. Die Narbe dieses Einschlags liegt in der Nähe des Dorfes Chicxulub an der mexikanischen Küste.

Es ist nur schwer vorstellbar, was für eine Verwüstung ein solcher Zusammenstoß vermutlich ausgelöst hat: Wenige Minuten nach dem Einschlag fegt ein Wirbelsturm aus Feuer über Amerika hinweg. Die Wälder explodieren, die Flüsse und Seen kochen. Kein Lebewesen kann der Kraft des Windstoßes standhalten. Ein paar Stunden später schwappen riesige Wellen über die ganze Welt. Der Himmel verdunkelt sich, Staub und Rauch verhüllen die Sonne. Saurer Regen fällt auf

EINDRUCK VOM KRATER
Diese Illustration zeigt, wie der 180 km breite Einschlagkrater ausgesehen haben könnte.

die Erde. In Amerika werden die meisten Dinosaurier wahrscheinlich innerhalb weniger Tage ausgelöscht. Mögliche Überlebende müssen nun durch eine Landschaft wandern, so schwarz, wie man sie sich nach einem Atombombenangriff vorstellt.

Es gibt jedoch andere Theorien, um das Aussterben der Dinosaurier zu erklären. Das Ende der Kreide war eine Zeit großer vulkanischer Aktivität. Die Ausbrüche stießen Kohlendioxid in die Atmosphäre aus und der dabei entstehende Dunst verschleierte die Sonne, was Pflanzen verwelken und aussterben ließ. Fossile Zeugnisse lassen auch vermten, dass der Niedergang der Dinosaurier bereits lange Zeit zuvor begonnen hatte, da die Temperaturen durch das Abdriften einiger tektonischer Platten zu den Polen hin sanken – mit dem Ergebnis, dass Anzahl und Vielfalt der Dinosaurier zurückgingen. Alle diese Kräfte scheinen gemeinsam die K-T-Grenze bedingt zu haben, die eine der dramatischsten Katastrophen der Erde darstellt.

Bei der Zerstörung am Ende der Kreidezeit gab es Gewinner und Verlierer. Einige Farngruppen wurden von dem Einschlag oder dem Klimawechsel nicht betroffen, was zeigt, dass Pflanzen zu den zähesten Lebewesen gehören. Vielleicht noch überraschender ist das Überleben der Vögel. Die Tatsache, dass Säuger und Vögel gleichwarm sind, könnte ihren Erfolg erklären. Sie waren besser dazu ausgerüstet, mit einem sich abkühlenden Klima zurechtzukommen, als große wechselwarme Tiere, die die Sonnenwärme brauchten. Der Rückgang der großen Reptilien schuf Raum für die Säuger, die in den folgenden Zeitaltern in ungewöhnlichem Maße gediehen.

DAS ENDE DER DINOSAURIER
Das Massensterben am Ende der Kreidezeit war so schlimm, dass kein Landtier überlebte, das größer war als ein Hund. Schwer gebaute Tiere wie dieser Theropode waren unter den ersten Opfern.

LEBEN AUS DER ASCHE
Der Feuersturm, der auf den Einschlag folgte, müsste eine tote, verkohlte Welt hinterlassen haben. Dennoch besiedelten nach recht kurzer Zeit üppige Farne die verwüstete Landschaft.

KAPITEL NEUN

Eine neue *Ära* beginnt

Der Umbruch, der die Dinosaurier vernichtete, beendete auch das **Mesozoikum**. *Das »Zeitalter des mittleren Lebens« hatte 480 Millionen Jahre gedauert.*

DAS KÄNOZOIKUM, DIE ÄRA, in der wir heute leben, begann vor 65 Millionen Jahren. »Känozoisch« bedeutet »gegenwärtig lebend« und in dieser Zeit nahm unsere moderne Welt Gestalt an. Während der ersten großen Periode des Känozoikums, dem Tertiär, fanden große Veränderungen statt. Wir folgen nun der Erdgeschichte durch die fünf Epochen des Tertiärs. Epo-

chen sind die Unterabteilungen einer geologischen Periode. Das Tertiär umfasste über 63 Millionen Jahre und begann mit dem Paläozän, das etwa zehn Millionen Jahre dauerte. Dies mag als eine vergleichsweise kurze Zeitspanne erscheinen, aber je mehr wir uns der heutigen Zeit nähern, desto mehr fossile Zeugnisse stehen zur Verfügung, um genauer in die

TERTIÄR   QUARTÄR   HEUTE

OLIGOZÄN   MIOZÄN   PLIOZÄN   PLEISTOZÄN   HOLOZÄN

DIE HÖCHSTEN BERGE
Der Himalaja ist als »das Dach der Welt« bekannt. Wäre er noch höher, so würde sein Gewicht die Kruste darunter schmelzen lassen.

HUNDEFUTTER
Miacis war ein wendiger, hundeähnlicher Räuber, der gut klettern konnte. Er jagte kleine Tiere und könnte auch Eier und Früchte gefressen haben.

vorgeschichtliche Vergangenheit zu schauen und die Epochen feiner zu unterteilen. Im Paläozän begann sich das heutige Antlitz der Welt zu formen. Europa und Nordamerika waren fast gänzlich auseinander gedriftet. Portugal und Spanien prallten mit Südfrankreich zusammen und schufen dabei den massiven Gebirgszug der Pyrenäen. Italien bewegte sich nordwärts, wobei sich die Erdkruste zu den Alpen auffaltete. Auch Indien bewegte sich nach Norden, und als es gegen Asien driftete, warf der Zusammenstoß die mächtige Gebirgskette des Himalaja auf. Wenn man sich heute diese Berge ansieht, wird einem bewusst, welch riesige Kräfte die Kontinente der Welt geformt haben.

Die Welt des Paläozäns erlebte eine evolutionäre Explosion der Säugetiere. Diese hatten das Aussterbeereignis überlebt, das die Kreidezeit beendete, und sie verbreiteten sich geradezu blitzartig, sobald die überlegenen Reptilien fehlten. Viele waren klein und lebten am Boden der gewaltigen Wälder, doch innerhalb von nur etwa zwei oder drei Millionen Jahren begannen einige extrem zu wachsen.

Räuberische Säuger waren auf dem Vormarsch. Besonders grausam waren die Creodonten, eine Mischung aus modernen Wölfen, Hunden und Bären. Die langen, scharfen Vorderzähne zum Töten und die schneidenden Backenzähne für das Zerknacken von Knochen machten sie zu den erfolgreichsten Fleisch fressenden Säugetieren des Paläozäns. Dennoch rettete sie ihre Überlegenheit nicht vor dem allmählichen Aussterben. Die anderen großen Fleischfresser der Epoche, die Carnivora, zu denen auch die modernen Katzen und Hunde gehören, überlebten jedoch. Eine frühe hundeähnliche Form tauchte zu dieser Zeit auf: *Miacis* wurde etwa 30 cm lang, was auf ein niedliches Pelztierchen schließen lassen könnte. In Wirklichkeit war er ein grausamer Räuber, der wahrscheinlich mit seinen Krallen Bäume erkletterte, um seine Beute zu jagen.

Andere räuberische Säugetiere hatten Hufe statt Krallen. Dies waren die Mesonychier, die ebenfalls an Wölfe, Bären oder auch an Hyänen erinnern. Die frühen Verwandten der heutigen Kühe und Schafe gehörten erstaunlicherweise ebenfalls zu diesen kräftigen huftragenden Killern. Und auch das größte bekannte Fleisch fressende Landsäugetier aller Zeiten stammte von den Mesonychiern ab.

DIE KIEFER EINES CREODONTEN
Dieser Schädel gehört zu einem grausamen Creodonten, dem *Hyaenodon*. Seine Kiefer zeigen eine Reihe kräftiger Fangzähne und hintere Knackzähne.

PRIMITIVE HUFE
Phenacodus war ein Pflanzenfresser von der Größe eines Schafes. Er hatte fünf Zehen an jedem Fuß, von denen jeder in einem kleinen Huf endete, und gehörte zu einer Gruppe primitiver Huftiere, den Condylarthen.

BEWAFFNET

Im Kampf schubsten sich *Uintatherium*-Männchen vermutlich mit ihren Hörnern und stachen mit Stoßzähnen aufeinander ein.

Die *Mesonychier* entsprangen einer von mehreren im Paläozän erscheinenden Huftiergruppen. Die schwerfälligsten und seltsamsten waren die Dinoceraten (»schreckliche Hörner«). Diese Pflanzenfresser sahen ein wenig wie Nashörner aus, hatten aber Stoßzähne und sechs Hornhöcker auf ihren Köpfen. Einige entwickelten sich zu enormer Größe. Unter ihnen war *Uintatherium*, das, obwohl es so groß war wie ein Elefant, ein winziges Gehirn hatte. Andere Huftiere ähnelten Ratten, Schafen und Pferden. Sie lebten in der üppigen Vegetation neben einer neuen wichtigen Säugetiergruppe, den Primaten. Diese Tiergruppe hatte Füße und greiffähige Hände, große Gehirne und nach vorn gerichtete Augen. Frühe Formen sahen wohl wie gewaltige Eichhörnchen aus. Sie hatten Schwänze und lange Finger und erreichten eine Länge von fast 1 m. Aus diesen bescheidenen Ursprüngen sollten schließlich Affen, Menschenaffen und letztendlich Menschen hervorgehen.

Das Paläozän kann man auch als Probezeit für einige sonderbare »experimentelle« Säugergruppen sehen. Eine kleine nagetierähnliche Gruppe, die Multituberkulaten, waren Pflanzenfresser. Andere, die Taeniodonten, ähnelten einer Kreuzung zwischen Eichhörnchen und Hunden, jedoch mit großen Stoßzähnen, krallenbesetzten fünffingrigen Händen zum Graben und langen schweren Schwänzen. Einige kletterten auf der Suche nach Insekten, Eiern und Blättern in die Bäume. Im Mitteleozän, der nächsten Epoche, starben auch sie ohne lebende Nachfahren aus.

Nach dem Ende der Kreidezeit flogen keine Pterosaurier mehr umher, doch die Vögel überlebten und gediehen. Die vielleicht erstaunlichsten der paläozänen Vögel konnten nicht fliegen. Dies waren die »Schreckensvögel«, die sich bis zu 2,5 m aufrichten konnten und monströse Papageienschnäbel und kräftige Beine hatten. Einer war der mächtige *Gastornis* (auch *Diatryma* genannt), ein räuberischer Fleischfresser, der sich überall durchsetzte und die Landschaft über Jahrmillionen beherrschte. Er folgte seiner Beute, bis diese völlig erschöpft war, und tötete sie mit Schnabel und Krallen. Diese großen und grausamen Vögel nahmen den Platz der Theropoden an der Spitze der Nahrungskette ein. Sie passten sich den Gewohnheiten dieser Dinosaurier an und schienen deren Verhalten nachzuahmen – ein bemerkenswerter Aspekt der Evolution. Das Leben scheint jede mögliche Lücke ausfüllen zu wollen.

Die Schreckensvögel überlebten viele Epochen des Tertiärs, was ein Beweis für den Erfolg bestimmter Evolutionsschemata ist. Nirgendwo sind die Belege dafür klarer als bei den Fossilien der Grube Messel. Diese Grube liegt auf dem Gelände eines vorzeitlichen Sees, der während der nächsten Epoche, dem Eozän, existierte. Sie hat uns einen der erstaunlichsten Einblicke in vorgeschichtliches Leben geliefert. Viele der Lebewesen, die um diesen See herum gediehen, sind uns vertraut. Ihre Nachfahren leben noch heute, 50 Millionen Jahre später.

Das Eozän folgte auf das Paläozän und dauerte von vor 55 bis vor 34 Millionen Jahren. Es erhielt einen eigenen Namen, der auf Griechisch

GEFIEDERTER SCHRECKEN
Die monströsen »Schreckensvögel« lebten bis vor etwa 400 000 Jahren in Amerika. Obwohl sie bis zu 150 kg wogen, waren sie bewegliche Räuber, die mit einem kräftigen Schnabel und schlagkräftigen dreizehigen Füßen ausgestattet waren.

NAGETIERFÄNGER
Viele Schlangen tauchten im Eozän auf. Sie lebten vor allem von den reichlich vorhandenen Nagern.

»neue Dämmerung« bedeutet, obwohl diese Epoche wahrscheinlich ohne Unterbrechung an das Paläozän anschloss. Paläontologen haben in der Grube Messel 35 verschiedene Säugetierarten gefunden, die unmittelbar mit Säugetieren der Gegenwart verwandt sind. Es gab Fledermäuse und Opossums, halbaffenartige Primaten und andere Affen, aber auch Ratten von fast 1 m Länge. Vielleicht am verblüffendsten sind die Überreste von

KROKODILE
Während des feuchtwarmen Eozäns gab es in Europa auch viele Krokodile – selbst am nördlichen Polarkreis.

70 Urpferdchen namens *Propalaeotherium*. Diese Tiere waren viel kleiner als heutige Pferde und erreichten nur eine Höhe von 60 cm. Einer der überraschendsten Aspekte der Vorgeschichte sind die Unterschiede in den Maßstäben. Auch die Vorfahren von Kühen und Rehen wurden hier gefunden, sie hatten aber nur die Größe von Kaninchen.

Anhand der Fossilien aus der Grube Messel ist es möglich, sich die Landschaft um den vorzeitlichen See vorzustellen. Es gab Palmen, Lorbeer, Trauben und Zitrusbäume ebenso wie Eichen und Buchen. Außerdem trieben Sumpflilien und lange Wasserpflanzen im warmen Wasser. Diese urzeitliche Welt könnte seltsam vertraut ausgesehen

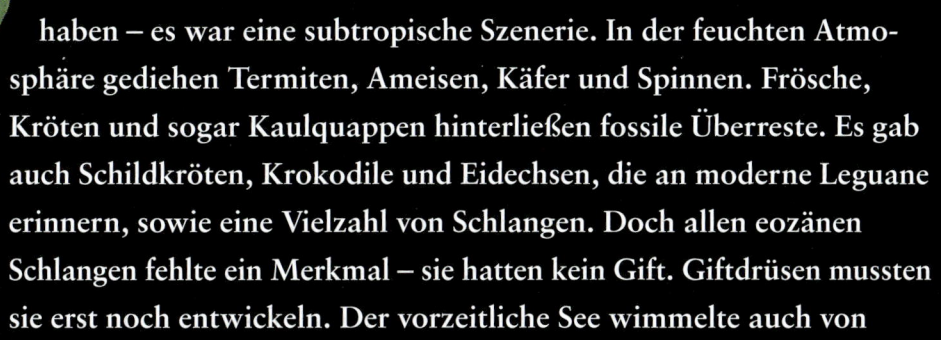

haben – es war eine subtropische Szenerie. In der feuchten Atmosphäre gediehen Termiten, Ameisen, Käfer und Spinnen. Frösche, Kröten und sogar Kaulquappen hinterließen fossile Überreste. Es gab auch Schildkröten, Krokodile und Eidechsen, die an moderne Leguane erinnern, sowie eine Vielzahl von Schlangen. Doch allen eozänen Schlangen fehlte ein Merkmal – sie hatten kein Gift. Giftdrüsen mussten sie erst noch entwickeln. Der vorzeitliche See wimmelte auch von

KLEINE ÜBERLEBENDE
Kleine Echsen waren im Eozän weit verbreitet, aber die Anzahl der Reptiliengruppen war bereits deutlich verringert. Heute gibt es nur noch drei.

FISCHABDRUCK
Im feinen Kalk blieben die Feinheiten einiger Knochenfische des Messel-Sees erhalten.

Knochenfischen wie Aalen und den Vorfahren der Flussbarsche, während sich in den Ozeanen erneut die Haie ausbreiteten.

Auch die Vorfahren der heutigen Wale tauchten in diesem Zeitraum auf. Im Gegensatz zu Haien sind Wale Luft atmende Säugetiere. Die ersten Exemplare waren mit einer Länge von etwa 2 m ziemlich klein. Ihre Gliedmaßen erlaubten es ihnen, an Land zu gehen. Andere sahen aus wie bösartige Robben und konnten sowohl an Land als auch im Meer leben. Im späteren Eozän wurden ihre Gliedmaßen kürzer und kaum noch gebraucht, als einige

VERSTECKTE GEFAHR
Im Messel-See könnte Gefahr in Form von giftigen vulkanischen Gasen gelauert haben. Ein Ausbruch hätte Gasblasen an die Oberfläche steigen lassen und die Seebewohner getötet.

EOZÄNER RIESE
Basilosaurus ist der größte bekannte fossile Wal. Seine schlangenartige Form machte ihn beweglicher als heutige Wale.

Arten sich ganz ins Meer zurückzogen. *Basilosaurus* erreichte die Länge der großen heutigen Wale, hatte aber eine schlangenförmige Gestalt. Er wurde 24 m lang und lebte in den Flachmeeren. Mit seinen scharfen Zähnen könnte er andere Säuger und Fische erbeutet haben.

Das Landleben glich dem Wasserleben, indem auch auf den Kontinenten eine uns vertraute Welt zu entstehen schien. Dies wird durch den Flug der Fledermäuse angedeutet, deren Flügel sich aus den Händen von Säugern entwickelten, die einst Bäume erkletterten. Sie behielten Zähne, Krallen und das Erscheinungsbild der ursprünglichen Säuger bei und haben sich in 50 Millionen Jahren nicht wesentlich verändert.

Die uns vertrauteren Katzen und Hunde stellen ebenfalls urtümliche Formen dar. Da sie von einem gemeinsamen Vorfahren abstammen, dessen Nachkommen sich in erstaunlicher Weise auffächerten, sind Katzen und Hunde Teil der großen Gruppe der heutigen Fleisch fressenden Carnivora, die erstmals im Paläozän erschienen. Die Gruppe der Katzenartigen, der Feliformes, spaltete sich bald in Hunderte verschiedene Arten auf. Nach und nach wurden einige zu Hyänen, andere zu Mungos. Wieder andere entwickelten sich zu den berühmten Säbelzahnkatzen, deren Fossilien in großer Zahl gefunden werden. Die heutige Hauskatze ist verwandt mit der vorgeschichtlichen Katze *Dinofelis* (»Schreckenskatze«), die eine Länge von 2,10 m erreichte und im Jagdverhalten dem modernen Leoparden glich. Die Gruppe der

FLEDERMAUS-GRUPPEN
Im Eozän hatten sich die Fledermäuse in die heutigen Hauptgruppen aufgespalten: Insekten fressende Kleinfledermäuse und Frucht fressende Großfledermäuse.

Hunde, der Caniformes, erschien mit dem baumbe-
wohnenden Jäger *Miacis* ebenfalls erstmals im Paläozän. Die
Gruppe war so erfolgreich, dass sich aus ihr Hunde, Wölfe und Bären
entwickelten. Von den Caniformes stammen auch die Seelöwen, Wal-
rosse, Otter und Waschbären ab. Die Gruppe der Hunde ist überall.

Auch Kamele tauchten im Eozän auf. Anfangs lebten sie nicht in
Wüstengebieten. Sie bewohnten die Wälder Nordamerikas und fraßen
Blätter von Bäumen und Sträuchern. Heute gibt es sechs Kamelarten,
in vorgeschichtlicher Zeit jedoch gab es über hundert. So wie die
Evolution es einigen Arten, wie etwa den Angehörigen der Carnivora,
erlaubt sich aufzuspalten, schrumpft die Vielfalt anderer Arten. Es
gab eine seltsame Gruppe von Tieren, die so genannten Brontotherien, mit einer großen knöchernen Geweihgabel auf der Nase. Sie
waren verwandt mit Pferden und Nashörnern, sahen aus wie eine
Kreuzung aus Nashorn und Elefant und erreichten eine Länge von
5 m. Man ist leicht versucht zu glauben, dass sie einfach
zu merkwürdig aussahen, um zu überleben. Aber
oft gibt es gute Gründe für das Aussterben der einen Lebewesen und das
gleichzeitige Fortbestehen anderer.
Manche Gruppen scheitern schlicht
daran, sich an veränderte Umweltbedingungen anzupassen. Andere unter-
liegen im Konkurrenzkampf mit
Lebewesen, die die Umweltbedingungen besser zu nutzen wissen.

GEFLECKTE TARNUNG
Diese *Dinofelis* trägt ein
geflecktes Tarnfell, das sie
als Waldbewohner wahr-
scheinlich wirklich hatte.
Lebende waldbewohnende
Katzen wie der Leopard
haben ebenfalls Flecken
oder Streifen.

Das Aussterben großer Säugetiere in jüngerer Zeit lässt sich hauptsächlich auf die Jagd durch den Menschen zurückführen.

Im Eozän tauchten Tiergruppen auf, deren Fortbestand außergewöhnlich lange andauerte. Die Gruppe der Schweine entwickelte sich in dieser Epoche und überlebte die vergangenen 40 Millionen Jahre. Einige frühe Arten ähnelten dem heutigen Wildschwein, während andere wie kleine Büffel aussahen. Mit der Zeit veränderten viele Arten dieser Gruppe ihre Gestalt oder ihre Größe entsprechend den jeweiligen Umweltbedingungen. Manche wurden aggressiver, wahrscheinlich um die frei gewordene ökologische Nische der großen Fleischfresser zu besetzen. In Nordamerika wuchsen stetig einige kleine Schweineformen heran, bis eine davon eine Länge von 3,5 m und die Höhe eines Menschen erreichte. Dieses so genannte »Killer-Büffelschwein« ernährte sich von Fleisch und Pflanzen.

Auch die Vorfahren und Vettern der Elefanten entwickelten sich im Eozän und wurden immer wuchtiger. Die kleinen Lebewesen des Paläozäns mit einer Höhe von nur 60 cm wurden nun von größeren und gedrungeneren Tieren verdrängt. Einer dieser eozänen Probosciden (Elefanten und ihre

EVOLUTIONÄRES GLÜCK

Evolution hängt manchmal auch vom Glück ab. So bringt ein kühleres Klima gemäßigte Zonen hervor und kann den Pflanzenwuchs so verändern, dass einige Tiere gegenüber anderen im Vorteil sind.

KAMPF UMS RECHT

Diese Brontops gehörten zu einer als Brontotherien bezeichneten Gruppe der Unpaarhufer. Schädelverletzungen belegen, dass die Männchen mit ihren Hörnern gegeneinander um Vorherrschaft, Reviere oder Paarungsrechte kämpften.

ausgestorbenen Verwandten) heißt *Moeritherium*. Er ähnelte einem lang gestreckten Schwein und hatte einen primitiven Rüssel. Richtige Rüssel und Stoßzähne entwickelten sich bei anderen Arten und innerhalb von 20 Millionen Jahren wird die Gestalt des modernen Elefanten in seinen Vorfahren sichtbar. Der spätere Verwandte *Arsinoitherium* ähnelte einem großen Nashorn mit einem gewaltigen Doppelhorn im Gesicht. Er lebte von den Stängeln und Blättern der Pflanzen.

Ein Huftier des Eozäns, das die Jahrtausende nicht überlebte, war *Andrewsarchus* (»Andrews Fleischfresser«), das größte überhaupt bekannte Fleisch fressende Säugetier der Welt. Dieser Mesonychier-Riese konnte etwa 6 m Länge erreichen und seine Gestalt muss dem Wolf aus den Märchen geähnelt haben. Seine wuchtigen Kiefer waren kräftig genug, um mit einem einzigen Biss andere Huftiere zu töten und ihre Knochen mit den großen Backenzähnen zu knacken.

Während große und gefährliche Tiere ausstarben, lebten viele kleinere Lebewesen weiter. Sie waren besser gerüstet, als die Temperatur der Erde sich erneut änderte. Am Ende des Eozäns wurde die Welt kühler und unfreundlicher.

EINFACHER RIESE
Das seltsame *Arsinoitherium* gehörte zur gleichen Huftiergruppe wie die heutigen Elefanten. Seine Schultern waren sehr muskulös, um das riesige Gewicht zu stützen, doch sein Gehirn war klein und einfach.

ANDREWSARCHUS
Von dieser Art kennt man nur den Schädel. Die Körperform mussten Forscher erraten.

KAPITEL ZEHN

Affen-
zauber

Die kühleren Epochen, die auf das Eozän folgten, sind das **Oligozän** *und das* **Miozän**. *Zusammen dauerten sie etwa 29 Millionen Jahre.*

Inzwischen hatte die Weltkarte ihr heutiges Ausse-hen angenommen. Australien hatte sich in die Tropen verlagert und die von den anderen Landmassen abge-schnittene Antarktis erstreckte sich über den Südpol. Als die Temperaturen sanken, bildete sich die antarktische Eis-decke. In diesem Abschnitt des Tertiärs tauchten Hawaii und Island als Vulkaninseln aus dem Meer auf. Nord- und Südamerika blieben voneinander getrennt, die Landbrücke zwischen ihnen, die später Tierwanderungen erlaubte, war noch nicht aus dem Meer auf-getaucht. Abseits vom Äquator machte die tropische Vege-tation des Eozäns Platz für Wälder eines gemäßigten und kühlen Klimas. Dort, wo Regen knapp wurde, wurden Wälder von Steppen und Prärien verdrängt.

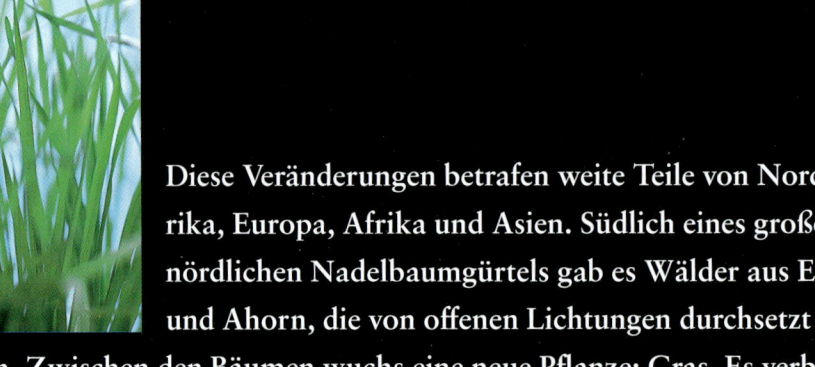

DIE FAMILIE DER GRÄSER
Heute gibt es etwa 9000 Grasarten. Ihre unauffälligen Blüten werden vom Wind bestäubt.

Diese Veränderungen betrafen weite Teile von Nordamerika, Europa, Afrika und Asien. Südlich eines großen nördlichen Nadelbaumgürtels gab es Wälder aus Eichen und Ahorn, die von offenen Lichtungen durchsetzt waren. Zwischen den Bäumen wuchs eine neue Pflanze: Gras. Es verbreitet sich sowohl über Saat als auch über unterirdische Ausläufer und überlebt, indem es neue Halme hervorbringt, um abgefressene zu ersetzen.

Und so erschienen Prärien, Savannen und Steppen auf der Erde, in denen neue Lebensformen entstanden.

Eine Herde von *Hipparion*

DREI MÄGEN
Aepycamelus hatte sehr lange Beine, um die Blätter der Bäume zu erreichen. Er starb aus, als der Baumbewuchs seines Lebensraumes verschwand. Wie heutige Kamele hatte er drei Mägen, um zähe Pflanzennahrung zu verdauen.

Wieder ein Beispiel für den Gang der Evolution: Eine neue Umwelt bringt die Tierformen hervor, die aus dieser Umwelt am besten ihre Vorteile ziehen können. So entwickelten sich mit dem Gras auch Säugetiere, die selbstschärfende Zähne zum Schneiden und Kauen von Gras hatten – einem zähen Futter voll hartem Silizium. Eine solche Entwicklung nennt man Koevolution. Der Kot der Weidetiere wiederum düngte die Graspflanzen, sodass sowohl Fresser als auch Gefressenes voneinander profitierten. In der Natur ist alles miteinander verbunden.

Mit der Ausbreitung der Grasländer begannen die Tiere auf der Suche nach Nahrung darauf umherzuwandern. Viele dieser Tiere hatten Hufe. Sie können in Paarhufer und Unpaarhufer unterteilt werden. Im

Miozän wanderten viele Paarhufer in die Grasebenen ein. Einige von ihnen wurden groß und wuchtig. *Aepycamelus* war ein langhalsiges amerikanisches Tier, ähnlich einer Giraffe. Hirschartige Tiere wie *Cranioceras* waren häufig. Doch es war die Gruppe der Bovoiden, die zu den erfolgreichsten aller Paarhufer wurden. Dazu gehörten auch die Antilopen, die während des Miozäns über die Ebenen zu sprinten begannen.

PARACERATHERIUM
Dieser riesige Verwandte des Nashorns wog 16 Tonnen. Trotz seines Gewichts konnte das Tier schnell laufen. Sein langer Hals erlaubte ihm an hohen Bäumen zu weiden.

Ein *Cranioceras*-Pärchen

Die Vorfahren unserer Bauernhofkühe, Schafe und Ziegen gediehen ebenfalls in dieser Zeit. Aus den gemeinsamen bovoiden Vorfahren sollten sich nach und nach die Gazelle, der Büffel, das Bison und das Yak abspalten. Wieder einmal waren die Bedingungen für eine Periode intensiver »Evolutionsexperimente« gegeben. Es ist, als sei jede mögliche Säugetierform erst getestet worden, bevor die natürliche Auslese die Art hervorbrachte, die am besten angepasst war.

Inzwischen drangen auch andere große Pflanzenfresser ins offene Land vor. Dies waren die Unpaarhufer, die in vorgeschichtlichen Zeiten häufig vorkamen. Pferde beispielsweise galoppierten in allen

FUSS-ENTWICKLUNG
Heutige Pferde haben eine Zehe an jedem Fuß, doch *Hipparion* hatte drei. Die mittlere trug das Gewicht.

WÜHLENDER NAGER
Dieser Nager hatte große Krallen und bizarre Hörner auf dem Kopf, die beim Graben geholfen haben könnten. Seine kleinen Augen lassen vermuten, dass er kaum sehen konnte.

RIESENHASELMÄUSE
Das Fehlen großer Räuber auf Malta und Sizilien bewirkte, dass die Haselmaus *Leithia* die Größe eines Eichhörnchens erreichen konnte.

möglichen Formen und Größen umher. Sie waren nicht mehr die kleinen Lebewesen, die sich im Wald versteckten und weichblättrige Pflanzen fraßen. *Hipparion* wurde z. B. 1,5 m lang. Es hatte Zähne, die wie geschaffen waren zum Zerkauen von Gras. Die Pferde lebten Seite an Seite mit Nashörnern, von denen es im Oligozän und Miozän viele Arten gab. Einige waren schnelle Läufer, andere hatten kurze Rüssel. Später sollte eine Nashornart ein 2 m langes Horn auf der Stirn tragen. Das vielleicht ungewöhnlichste Nashorn aber war das langhalsige *Paraceratherium*, das größte Landsäugetier, das jemals über die Erde gewandelt ist. Mit einer Höhe von 5,5 m und einer Länge von 9 m erscheinen dagegen moderne Nashörner wie Zwerge.

Dennoch wäre es falsch, sich nur auf die größeren Säugetiere zu konzentrieren, denn unter den kleineren Formen gab es eine Explosion an Leben und Bewegung, die bis heute anhält. Es gab z. B. Biber, die spiralförmige Gänge gruben. Es gab Kaninchen, Hasen und Pfeifhasen, die ihren modernen Verwandten sehr ähnlich waren. Und es gab einen ungewöhnlichen Hörner tragenden Nager namens *Epigaulus*, der im Boden wühlte. Das Miozän gibt uns auch viele erstaunliche Beispiele von evolutionären Entwicklungen, die getrennt voneinander verliefen. Diese treten auf, wenn Ökosysteme, die vom Rest der Welt abgeschnitten wurden, extrem fremdartige Lebewesen hervorbringen. Manche Mittelmeerinseln z. B.

blieben Jahrmillionen lang durch einen hohen Meeresspiegel isoliert. Hier lebten Tiere, die sich grund-
legend von anderen Tieren unter-
schieden. Auf Malta und Sizilien
gab es eine Riesenhaselmaus, die
eine Länge von 41 cm erreichte und
Alice im Wunderland entstammen
könnte. Auf einer anderen Insel lebten
Riesenigel, Zwerghirsche und Rieseneulen,
die sich alle entwickeln konnten, weil sie vom
Rest des Planeten abgeschottet waren. Als
Menschen die Inseln besiedelten, starben
diese Lebewesen aus, da sie sich im
Konkurrenzkampf gegen die
vom Menschen eingeschleppten
Raubtiere nicht behaupten konnten.

Die wichtigste Säugetiergruppe fehlt jetzt noch in der Beschreibung. Sie
ist sehr bedeutsam, weil sie unser zukünftiges Leben ankündigt: die Primaten. Die frühesten Primaten sahen aus wie Eichhörnchen oder Spitz-
hörnchen, doch im frühen Tertiär wurden sie von zwei neuen Gruppen
ersetzt, denen statt Krallen Nägel wuchsen. Es waren die Prosimier oder
niederen Primaten, zu denen die Lemuren gehörten, und die Anthropoiden oder höheren Primaten, zu denen Affen, Menschenaffen und Menschen gehörten. Anthropoiden hatten größere Gehirne als Prosimier.

Im Miozän hatten sich die anthropoiden Primaten in zwei Hauptformen
aufgespalten. Afrikanische und asiatische Affen hatten nach vorn gerichtete Nasenöffnungen. Die südamerikanischen Affen besaßen nach außen
gerichtete Nasenöffnungen und Greifschwänze, die sie wie
eine zusätzliche Hand benutzten. Man weiß nicht,
wie die südamerikanischen Affen von den anderen

PLESIADAPIS
Die vielen Primatengruppen
des Oligozäns und Miozäns
könnten von primitiven
Formen des Eozäns wie
diesem *Plesiadapis* abstammen. Dieses Tier ähnelte
einem Lemuren, dennoch
meinen einige Wissen-
schaftler, dass es kein
richtiger Primat war.

AFFENVORFAHREN
Menschen stammen von den Vorfahren der afrikanischen Menschenaffen ab. Es waren schwanzlose Primaten, die sich mit ihren Armen von Ast zu Ast schwangen.

ALTWELTAFFEN-VORFAHR
Lebende Menschenaffen, z. B. Gorillas, haben einen gemeinsamen Vorfahren mit den Altweltaffen Afrikas und Asiens.

getrennt wurden. Vielleicht trieben ihre Vorfahren auf riesigen Pflanzenmatten von Afrika nach Südamerika. Es gibt ein wichtiges Beweisstück für die Existenz der anthropoiden Primaten von Afrika und Asien (Altwelt-Menschenaffen): Forscher haben miozäne Fossilien von Wesen gefunden, die als Hominoide eingestuft werden können. Dies ist die Gruppe anthropoider Primaten, zu der Menschen und Menschenaffen gehören. Sie hatten Zähne und Gliedmaßen wie wir und keinen Schwanz. *Proconsul* erkletterte Bäume, *Dryopithecus*, ein Menschenaffe, schwang sich wie ein Schimpanse von Ast zu Ast.

Die Fossilüberlieferung zeigt, dass sich heutige Menschen – aufrecht gehende Primaten mit großem Gehirn – aus einem menschenaffenähnlichen, hominoiden Lebewesen des Miozäns entwickelten. Es wurden viele Schädel von Zwischenformen und einige unvollständige Skelette gefunden. Auf einer bestimmten Entwicklungsstufe hatten Menschen und Menschenaffen zu dieser Zeit einen gemeinsamen Vorfahren. Leider gibt es in Afrika (wo sich diese Lebewesen entwickelten) nur wenige fossilführende Gesteine aus dieser Epoche, sodass das begehrte Bindeglied, das unsere Vorfahren direkt mit den Menschenaffen verband, nie gefunden wurde. Es fehlen sogar mehrere Bindeglieder zwischen modernen Menschen und ihren entfernten Vorfahren – die Abstammung ist vollkommen verworren

und unsicher. Als im Jahr 2001 einige Wissenschaftler in den Sanddünen des nördlichen Tschad
(Afrika) eine dramatische Entdeckung machten, nahm
die Unsicherheit noch zu. Der miozäne Schädel, den sie freilegten, war
etwa sieben Millionen Jahre alt. Er schien einem Menschenaffen zu
gehören, doch es stellte sich heraus, dass er die Zähne eines Hominiden hatte (Hominiden, die nicht mit Hominoiden verwechselt werden
dürfen, sind eine Gruppe, die nur aus Menschen und ihren Vorfahren,
den »Affenmenschen« besteht). Die Schädelform lässt auch vermuten,
dass er aufrecht ging. Doch war dieses Lebewesen weder ein Menschenaffe noch ein Ahne der Menschen. Es könnte ein Seitenzweig der Menschenaffen gewesen sein, der keine Nachfolger hinterließ.

Ein weiterer möglicher Hominide wurde in Kenia ausgegraben. Der so
genannte *Orrorin tugenensis* hatte Zähne wie ein Mensch und ging
vermutlich aufrecht. Er war in einigen Dingen »menschlicher« als viele
seiner Nachfolger. Es gibt eine verblüffende Vielzahl möglicher Men-
schenvorfahren. Die Evolution ist oft unberechenbar und unvorher-
sehbar. So scheint es viele verschiedene Hominiden oder hominiden-
ähnliche Lebewesen gegeben zu haben, die alle gleichzeitig lebten. Die
Form, die man Mensch nennt, trat nach und nach aus ihnen heraus.

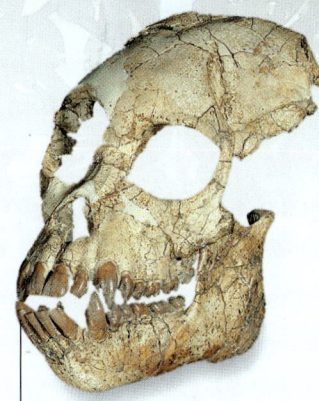

BEIDES IN EINEM
Proconsul hatte die Hände
eines Kletteraffen und den
Schädel und die Schultern
eines Menschenaffen. Er
lebte in Kenias Wäldern.

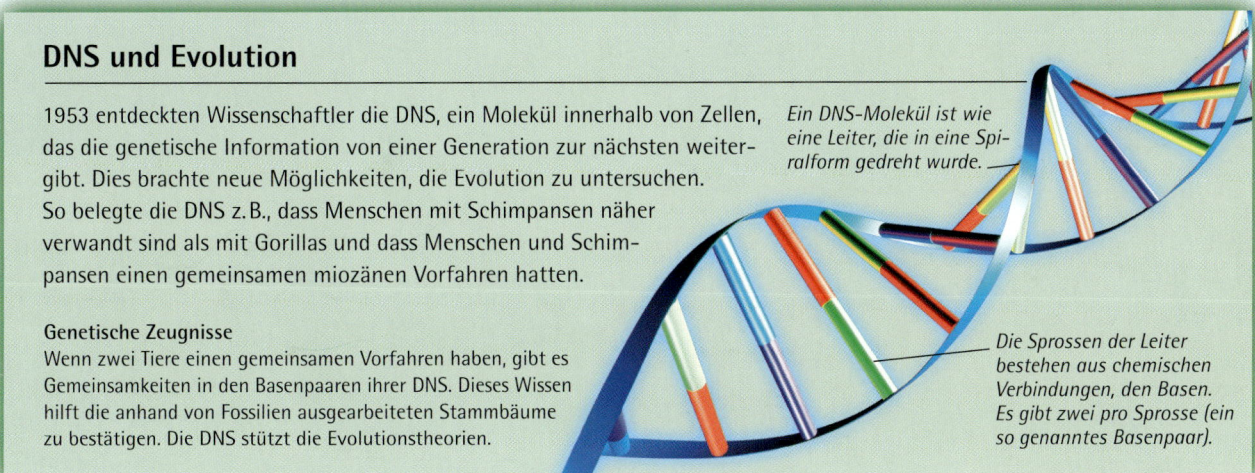

DNS und Evolution

1953 entdeckten Wissenschaftler die DNS, ein Molekül innerhalb von Zellen,
das die genetische Information von einer Generation zur nächsten weiter-
gibt. Dies brachte neue Möglichkeiten, die Evolution zu untersuchen.
So belegte die DNS z.B., dass Menschen mit Schimpansen näher
verwandt sind als mit Gorillas und dass Menschen und Schimpansen einen gemeinsamen miozänen Vorfahren hatten.

*Ein DNS-Molekül ist wie
eine Leiter, die in eine Spi-
ralform gedreht wurde.*

Genetische Zeugnisse

Wenn zwei Tiere einen gemeinsamen Vorfahren haben, gibt es
Gemeinsamkeiten in den Basenpaaren ihrer DNS. Dieses Wissen
hilft die anhand von Fossilien ausgearbeiteten Stammbäume
zu bestätigen. Die DNS stützt die Evolutionstheorien.

*Die Sprossen der Leiter
bestehen aus chemischen
Verbindungen, den Basen.
Es gibt zwei pro Sprosse (ein
so genanntes Basenpaar).*

KAPITEL ELF

Jenseits *von* Afrika

*Die letzte Epoche des Tertiärs war das **Pliozän**, das den Beginn der Menschheit kennzeichnet. Diese Epoche dauerte von vor 5 bis vor 1,8 Millionen Jahren.*

D IE KONTINENTE HATTEN INZWISCHEN ihre heutige Form und Lage, doch auf das überwiegend feuchte Klima folgte vor 2,8 Millionen Jahren die so genannte Erste Nördliche Vereisung. Am Nordpol hatte sich eine Eisdecke gebildet und dies veränderte überall auf der Welt die Temperaturen. Die Säugetiere erlebten im Pliozän sogar noch eine weitere Fortentwicklung. Es gab Faultiere so groß wie Elefanten und Gürteltiere von der Größe einer Limousine. Die berühmte Säbelzahnkatze *Smilodon* tauchte ebenfalls auf. Sie erreichte eine Länge von 2,5 m, hatte einziehbare Krallen und einen großen Kiefer, der mit jenen 25 cm langen Reißzähnen besetzt war, die ihr den Namen gaben. Ihre Beute könnte auch Primaten eingeschlossen haben. Während des Pliozäns verließen einige menschenaffenartige Lebewesen die

Deckung der Wälder und lebten nun auf dem Boden. Dies dürfte keine vorsätzliche Entscheidung gewesen sein. Das zunehmend trockene Klima könnte zu einer Zerstörung der Wälder geführt haben, sodass Menschenaffen gezwungen waren, auf dem offenen Land zu leben. Über viele Jahrmillionen lernten sie aufrecht zu stehen und zu gehen. Diese revolutionäre Anpassung könnte zu ihrem Schutz gedient haben, da sie aufrecht viel weiter über das Land blicken konnten.

Viel wichtiger ist jedoch die Tatsache, dass die Hände nun frei waren, um andere Funktionen ausüben zu können. Dieser eine Entwicklungsschritt läutete den Vormarsch der Menschheit ein. Er bedeutete die Möglichkeit von Technik. Hände, die vorher nur nach Nahrung auf dem Boden suchten, konnten bald Äxte und Speere fertigen.

In den 90er-Jahren des 20. Jahrhunderts fanden Wissenschaftler in Äthiopien Skelette, die zwischen 4,4 und 5 Millionen Jahre alt waren. Sie gehörten zu *Ardipithecus ramidus* (»Wurzel der Boden-

SÄBELZAHN-BISS

Smilodon setzte mit seinen hochspezialisierten Zähnen einen tödlichen Biss in den Hals oder in das Rückenmark seiner Opfer. Es jagte wahrscheinlich im Rudel.

Menschenaffen«). Als »Affenmenschen« waren ähnliche Wesen bereits in Filmen und Comics zu sehen gewesen. Der tatsächliche Fund ist jedoch viel spannender als die Geschichten. Die Schädelform des *ramidus* zeigt, dass er auf zwei Beinen ging und ein etwa 1,2 m großer Hominide war. Aber er hatte auch große Eckzähne und lange Arme wie die Menschenaffen. Einige Wissenschaftler glauben, dass er am Boden lebte und jagte, aber auf Bäumen schlief. Andere behaupten, dass er ein reiner Waldbewohner war, und verwerfen damit die Theorie, dass die Hominiden infolge ihrer Wanderungen über die afrikanischen Ebenen aufrecht gingen.

Kurz gesagt: Es ist ein Rätsel, das die verworrene Natur der menschlichen Ursprünge zeigt. Es gibt keine einfache stammesgeschichtliche Leiter mit verschiedenen Stufen, die zu dem »fehlenden Bindeglied« hin- oder davon wegführen. Ein Diagramm der Abstammung unserer Vorfahren würde wohl eher wie ein »Busch« des Lebens mit nach allen Seiten ausgerichteten Zweigen aussehen. Einige frühe Lebewesen hatten beispielsweise mehr menschliche Merkmale als spätere. Wie das Lebewesen aus dem nördlichen Tschad könnte auch *ramidus* weder Hominide noch Menschenaffe, sondern etwas dazwischen gewesen sein. Er starb ohnehin aus – ein weiterer hominider Prototyp, der den Überlebenskampf verlor.

Nachdem Wissenschaftler in Kenia Teile eines Skelettes mit einem Alter von 4,2 Millionen Jahren entdeckt hatten, erfuhr man viel über frühes Hominidenleben. Es war ein Australopithecine (»Südaffe«). Diese waren unsere frühesten Vorfahren nach der Auf-

PLANET DER AFFEN

Die weit verbreiteten Geschichten von »Affenmenschen« stammen von der affenähnlichen Form einiger früher Hominidenschädel. Die Schnauzen dieser Lebewesen waren allgemein kürzer als die von Menschenaffen und sie hatten wie ein Mensch bogenförmige Zahnreihen, wie dieses Modell eines Australopithecinen zeigt.

Beleg des aufrechten Ganges

Zwei Hauptmerkmale trennen Hominiden von anderen Menschenaffen: große Gehirne und aufrechter Gang. Fußabdrücke aus Laetoli in Tansania wurden auf ein Alter von 3,75 Millionen Jahren datiert. Sie zeigen einen eher menschenartigen als menschenaffenartigen Abdruck mit großer Zehe. Dies belegt, dass sich der aufrechte Gang zu diesem Zeitpunkt bereits entwickelt hatte.

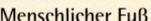

Gorillafuß
Ein Gorilla hat gebogene Zehen und eine nach innen gedrehte große Zehe, die gut zum Zupacken geeignet ist.

Menschlicher Fuß
Der menschliche Fuß und die Zehen wurden lang und flach, um leicht gehen und balancieren zu können. Die große Zehe steht in gerader Linie mit den anderen.

Fußabdrücke in der Asche
Die Fußabdrücke von Laetoli sind in erhärteter Vulkan-Asche erhalten. Sie stammen von *Australopithecus afarensis*, dem einzigen bekannten Hominiden aus diesem Teil Afrikas zu jener Zeit.

spaltung zwischen Menschenaffen und Menschen. Der Kiefer dieses Lebewesens sah teilweise menschlich und teilweise menschenaffenartig aus. Es stand aufrecht und lebte wahrscheinlich mit den Waldaffen, deren Überreste in der Umgebung gefunden wurden, in einem bewaldeten Lebensraum. Bekannt wurde es als *Australopithecus anamensis* (»Südaffe vom See«). Dass diese frühen Hominiden in Afrika entdeckt wurden, ist kein Zufall. Alle Belege deuten darauf hin, dass das menschliche Leben auf diesem Kontinent seinen Ursprung hat.

In Äthiopien wurden die Überreste einer weiteren frühen Art der Australopithecinen gefunden. *Australopithecus afarensis* starb vor drei Millionen Jahren aus, nachdem er möglicherweise eine Million Jahre überlebt hatte. Er ging aufrecht, aber seine Fingerknochen zeigen an, dass er auf Bäume klettern konnte. Seine Gliedmaßen waren menschenartig. Die Männchen wurden etwa 1,5 m groß und hatten einen Kamm auf dem Schädel. Beide Geschlechter hatten ausgeprägte Überaugenwülste und vorstehende Gesichter wie Schimpansen.

Mit den Kiefern eines Menschenaffen hat dieses Lebewesen sicher nicht sehr »menschlich« ausgesehen. Doch seine Zehen ähnelten Menschenzehen. Es gibt Belege, die dies untermauern. Im Jahr 1976 entdeckten Wissenschaftler in Laetoli (Tansania) zwei nahezu menschliche Fußspuren, in Vulkanstaub fossilisiert. Die Wissenschaftler dürften nicht weniger überrascht gewesen sein als Robinson Crusoe, als er die Fußabdrücke im Sand seiner Wüsteninsel fand. Doch ihr Fund war der weitaus wichtigere.

Die beiden Lebewesen gingen wie Menschen. An den Fußabdrücken kann man erkennen, dass sie ihr Gewicht auf die gleiche Weise trugen. Sie gingen dicht beieinander, doch zögerte einer für einen Moment, bevor er weiterlief. Vielleicht gingen sie auch Seite an Seite. Einer könnte sogar seinen Arm um die Schultern des anderen gelegt haben. Sie wanderten auf einer afrikanischen Ebene, einer Savanne mit Gruppen von Akazien. In der Ferne rauchte der Vulkan Sadiman. Sein Staub bedeckte den Boden, auf dem sie liefen. Wir können uns vorstellen, dass diese urzeitlichen *afarensis*-Hominiden sich in einer gefährlichen Umwelt gegenseitig Schutz boten.

Der vielleicht berühmteste *afarensis*-Fund war das Skelett »Lucy« (sofern es tatsächlich weiblich ist), das in den Schluchten von Äthiopien gefunden wurde. An ihren Überresten kann man sehen, dass sie kleiner als 1,2 m war und an Arthritis litt. In demselben Gebiet fanden Paläontologen Belege von 13 weiteren *afarensis* in einer Gruppe. Alle wurden vor 3,2 Millionen Jahren plötzlich von einer Naturkatastrophe getötet.

KRÄFTIGE PFLANZENFRESSER
Einige Australopithecinen hatten massive Schädel und Kiefer, die wahrscheinlich eher zum Kauen harter Körner als von Fleisch genutzt wurden.

AUSTRALOPITHECINEN
Hominiden könnten infolge einer veränderten Umwelt mit dem aufrechten Gang begonnen haben. Als der Wald von der Savanne abgelöst wurde, mussten sie sich rasch über offenes Land bewegen können. Die freien Hände erlaubten ihnen vielleicht das Tragen von Nahrung, Kindern und Waffen.

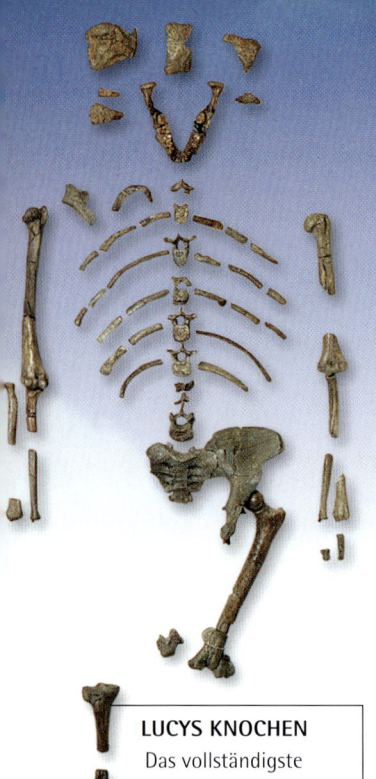

LUCYS KNOCHEN
Das vollständigste *afarensis*-Skelett trägt den Spitznamen Lucy. Dieses Modell zeigt, wie sie ausgesehen haben könnte.

Vielleicht sind sie bei einer Sturzflut ertrunken. Sie starben gemeinsam, was nahe legt, dass sie möglicherweise aus Schutzgründen eine Gemeinschaft bildeten. In einer Umwelt, in der Säbelzahnkatzen lebten, bedeutete eine größere Anzahl mehr Sicherheit.

Die *afarensis*-Männchen waren viel größer als die Weibchen, was vermuten lässt, dass sie wie Gorillas gegeneinander um Weibchen kämpften. Aber dann gibt es auch das Beispiel der zwei Lebewesen in Laetoli, die dicht beieinander gingen, was möglicherweise andeutet, dass Männchen und Weibchen gleichberechtigt nebeneinander lebten. Vielleicht befanden sich diese Lebewesen auf einer Zwischenstufe, waren weder ganz Affe noch ganz Mensch. Es gibt einen weiteren interessanten Aspekt bei den Entdeckungen in Afrika. Die Skelette enthielten keinerlei Hinweis auf Steinwerkzeuge. Ihre Gehirne waren nicht genug entwickelt, um den nächsten Sprung nach vorn zu machen.

In derselben Epoche lebte in Afrika ein weiterer Hominide, der so anders als *Australopithecus afarensis* war, dass die Wissenschaftler ihn einer eigenen Gattung zuwiesen. *Kenyanthropus platyops* hatte ein abgeflachtes Gesicht und kleine Zähne, womit er späteren Arten mehr ähnelte als den Lebewesen seiner Zeit. Die Entdeckung warf mehr Fragen auf, als sie Antworten brachte, und macht den Ursprung des Menschen nur noch geheimnisvoller.

Doch manche Entdeckungen halfen auch dabei, die lange Geschichte der Hominiden zu klären. Der erste Fossilfund eines Australopithecinen in Südafrika war der Schädel eines Kleinkindes, dessen Zähne denen eines Menschen ähnelten. Es wurde auch sogleich *Australopithecus africanus* genannt. Interessanterweise fand man den Kinderschädel zusammen mit Knochen anderer Säugetiere, die alle von einem Adlerschnabel angekratzt waren. Ein großer Vogel muss das Kind als Beute auf-

gegriffen haben. Andere Skelette von *africanus* haben ebenfalls Kratzer und Löcher. Anfangs glaubten die Wissenschaftler, dass sie Spuren von Angriffen anderer »Affenmenschen« sind, doch heute weiß man, dass diese Verletzungen von Tieren stammen. Unsere frühesten Vorfahren waren vermutlich überhaupt nicht gewalttätig. Sie scheinen viel eher die Opfer als die Herrscher ihrer Welt gewesen zu sein.

Diese Erkenntnis führt zu einer der außergewöhnlichsten Entdeckungen in der Geschichte der Hominiden. 1996 fanden Wissenschaftler in Äthiopien einige 2,5 Millionen Jahre alte Fossilien, die sie *Australopithecus garhi* (*garhi* bedeutet dort »Überraschung«) nannten. Dieser Hominide hatte lange Beine wie ein Mensch, aber noch interessanter ist, dass die ältesten Steinwerkzeuge der Welt in der Nähe des Ausgrabungsortes gefunden wurden. Dies erlaubt die Annahme, dass diese Art ein entfernter Vorfahre der modernen Menschen war. Die Werkzeuge wurden benutzt, um Fleisch von Antilopenknochen zu schaben und das saftige Mark herauszukratzen. *Australopithecus garhi* könnte ein Aasfresser gewesen sein. Er lebte zusammen mit anderen Hominidenarten, darunter auch *Australopithecus aethiopicus*. Dies war ein schwer gebautes Lebewesen mit flachem Gesicht, niedriger Stirn und einem Schädelwulst. Seine Zähne lassen vermuten, dass er Pflanzenfresser war und sich somit sehr vom Fleisch fressenden *garhi* unterschied.

Diese Hominiden teilten ihre Welt auch mit *Homo habilis*. Sein Name bedeutet »geschickter« oder »gut angepasster Mensch«, wegen der Werkzeuge, die bei seinen Überresten gefunden wurden. Er ist die älteste Art, die den Namen *homo* (»Mensch«) erhielt, weil er für den fernen Vorfahren des *Homo sapiens* gehalten wurde. Seine grob

HOMINIDENSENSATION
Als der Paläontologe Raymond Dart im Jahr 1924 diesen Schädel eines *Australopithecus africanus* entdeckte, löste er eine Sensation aus, weil er ihn als einen frühen Hominiden beschrieb. Doch andere Experten waren überzeugt, dass dies der Schädel eines Menschenaffen war. 20 Jahre später bestätigten jedoch neue Funde, dass Dart Recht gehabt hatte.

behauenen Steinwerkzeuge könnten zum Abschaben von
Fleisch, aber auch zum Zerstampfen von Früchten und
Samen benutzt worden sein. *Homo habilis* war ein Allesfresser
und seine vielfältige Nahrung könnte ihm erlaubt haben, weitere Entfernungen zurückzulegen als die den Menschenaffen ähnlicheren
Lebewesen seiner Zeit, die von räumlich begrenzten Nahrungsquellen
abhängig waren. Sein Gehirn war viel größer als das der Australopithecinen und menschlicher in seiner Form. Seine Mobilität und sein
größeres Gehirn könnten auch bedeuten, dass er besser mit den
Auswirkungen des Klimawechsels zurechtkam.

Seine Ähnlichkeit mit *Homo sapiens* könnte
dennoch irreführend sein. *Homo habilis* hatte
noch lange Affenarme und war klein, nur
1–1,5 m groß. Auch lässt die Tatsache, dass
die einfachen *habilis*-Werkzeuge keine Zei-
chen einer Entwicklung zeigen, annehmen,
dass sein Gehirn keine großen evolutionären Fortschritte gemacht hatte.

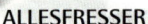

ALLESFRESSER
Die Nahrung von *Homo
habilis* könnte aus Samen,
Früchten, Schösslingen,
Blättern, Fleisch und Kno-
chenmark bestanden haben,
sodass er fast überall etwas
Essbares gefunden hätte.

Vor etwa 1,9 Millionen Jahren tauchten
dann die ersten gesicherten Vertreter der
Gattung *Homo* auf. *Homo ergaster* (»Arbeitsmensch«) war groß
und hatte ein großes Gehirn, einen niedrigen Schädel, Überaugenwülste und einen vorstehenden Kiefer. Das vollständigste Exemplar
war ein etwa 11-jähriger Junge aus Kenia, der bereits 1,70 m groß war,
lange Beine und schmale Hüften hatte. Er war in einem Sumpfgebiet
gestorben. Hätte er weitergelebt, wäre er größer als 1,80 m geworden.
Die Form und Größe seiner Gliedmaßen zeigen, dass er ein guter Läufer war und in einem extrem heißen Klima lebte. Ein großer schlanker
Körper vergrößert die Hautoberfläche, was ihm hilft, durch Schwitzen
schneller abzukühlen. Sein Körper war von feinem kurzen Haar

FLACHGESICHT
Dieser flachgesichtige Schädel, den man einst *Homo
habilis* zuschrieb, gehörte zu
der menschenähnlicheren
Gattung *Kenyanthropus*.

bedeckt und seine Haut war dunkel, um besser gegen die Sonne geschützt zu sein. Dieses Wesen ähnelte uns in überraschendem Maße. Aufgrund seiner weichen Haut, der langen Beine, seiner Größe und seiner Möglichkeiten, sich Nahrung zu beschaffen, könnte man *Homo ergaster* versehentlich für einen nackten Menschen gehalten haben.

Er sah uns viel ähnlicher als ein anderes menschenaffenähnliches Tier, das zu dieser Zeit lebte: *Paranthropus robustus* (»robuster Fast-Mensch«) aus Südafrika. Dieser nahe Verwandte der Australopithecinen ernährte sich von Pflanzen. Obwohl er klein war und ein kleines Gehirn hatte, war er kräftig gebaut. Dennoch könnte er Werkzeuge benutzt haben, womit er jedem mühsam gezeichneten Bild aufeinander folgender Gruppen mit jeweils einzigartigen Fähigkeiten widerspricht. Stattdessen gewinnt man ein kompliziertes Bild von verschiedenen Hominiden, die sich auf getrennten Wegen durch die afrikanische Welt schlugen.

Bei *Homo erectus* bewegen wir uns auf vergleichsweise sichererem Boden. Einige Wissenschaftler halten ihn für eine fortschrittliche Seitenlinie des afrikanischen *Homo ergaster*, andere denken, dass beide zu der Art *Homo erectus* gehörten. Waren sie voneinander getrennt, dann lässt sich das erste Auftreten von *erectus* auf vor etwa 1,8 Millionen Jahren datieren. Er war fast so groß wie ein moderner Mensch und sein Hirnfassungsvermögen betrug mehr als zwei Drittel des unseren. Das Gehirn von *Homo ergaster* vergrößerte sich interessanterweise während des langen Zeitraums seiner Existenz.

MENSCHENAFFEN-MERKMALE

Trotz seines großen Gehirns, das ihm die Herstellung einfacher Werkzeuge erlaubte, hatte der Körper von *Homo habilis* neuesten Erkenntnissen zufolge menschenaffenähnliche Proportionen. *Habilis* könnte eine Art der Australopithecinen und nicht der Gattung *Homo* zugehörig gewesen sein.

Gehirngröße

Die Gehirngröße dient als Erklärung dafür, dass einige Arten überleben, während andere aussterben. Im Lauf der Hominiden-Evolution hat sich das Gehirnvolumen verdreifacht. Die Gehirne früher Hominiden waren kaum größer als die von Gorillas, doch im Verhältnis von Gehirn- zu Körpervolumen lagen sie zwischen Menschenaffen und Menschen.

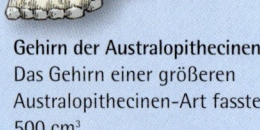

Gehirn der Australopithecinen
Das Gehirn einer größeren Australopithecinen-Art fasste 500 cm³.

Gehirn der modernen Menschen
Menschen haben Gehirne von etwa 1400 cm³. Sie sind im Verhältnis zum Körper groß und das Vorderhirn, in dem der Verstand sitzt, ist stark ausgeprägt.

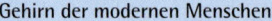

Ein wichtiger biologischer Sachverhalt ist mit der Zunahme der Hirngröße verknüpft. Als Hominiden größere Gehirne entwickelten, wurden ihre Babys relativ gesehen weniger entwickelt geboren, da ein großköpfiges Baby nicht durch den Geburtskanal der Mutter gepasst hätte. Das größte Gehirnwachstum fand nach der Geburt statt. Möglicherweise war ein neugeborener *Homo erectus* daher völlig hilflos und brauchte viel Pflege und Schutz, um zu überleben. In seiner Welt könnte es also bereits ein wenig Menschlichkeit gegeben haben.

Eine weitere biologische Tendenz kann in den Fossilien dieser Hominiden erkannt werden. Die Australopithecinen-Männchen waren viel größer als die Weibchen. Bei frühen Menschenarten aber waren Männchen und Weibchen gleich groß. Wissenschaftler vermuten heute, dass die männlichen und weiblichen Mitglieder einer Gruppe lebenslange Beziehungen eingingen und kein herdenartiges Sexualverhalten ausübten. Die Männchen mussten also nicht mehr gegeneinander um ein Weibchen kämpfen.

Beide frühen *Homo*-Formen erwiesen sich als erfolgreich und ausdauernd. *Homo ergaster* war der erste, der Afrika verließ. Innerhalb einiger Jahrtausende hatte er Asien und den Rand Europas erreicht. Vor 1,8 Millionen Jahren war

JÄGER-AASFRESSER
Homo ergaster jagte wahrscheinlich Beute, fraß aber auch Aas von Kadavern, die er mit Steinwerkzeugen zerlegte.

Homo erectus bis nach Indonesien vorgestoßen. Die Gattung Homo könnte losgewandert sein, sobald sie auf der Welt auftauchte. Ihre historische Bestimmung war demnach, den Planeten zu bevölkern. Was auch immer diese Wanderung auslöste, sicher ist, dass *ergaster* und *erectus* sich gut an viele Umweltbedingungen anpassen konnten. Zum Teil deshalb, weil sie Allesfresser waren und ihre vielfältige Nahrung ihnen das Überleben unter schwierigen Bedingungen erlaubte. Fleisch und Fett waren auch eine Energiequelle für das komplexe Gehirn.

Ein höher entwickeltes Gehirn bei *ergaster* und *erectus* war wohl auch der Grund für ihre schöpferische Aktivität. Ihre Werkzeuge zeigen unterschiedliche Merkmale in verschiedenen Teilen der Welt, anders als jene des älteren *Homo habilis*, die sich über Jahrmillionen nicht veränderten. Vor 1,6 Millionen Jahren erschienen in Afrika steingeschlagene Handäxte und Hackmesser. Diese Werkzeuge, die *ergaster* zugeordnet werden, dienten dem Zerteilen großer Kadaver. Vielleicht war er Großwildjäger geworden und nicht mehr nur ein Restevertilger von Opfern der Großkatzen.

Jagd und Fleischverzehr werfen eine interessante Frage auf. Kannten Frühmenschen das Feuer? Hitzerisse an den Steinwerkzeugen sehen manche als Hinweis darauf, dass Menschen vor etwa 1,6 Millionen Jahren das Feuer entdeckten. Und konnten sie sprechen? Auch das weiß niemand. Diese erstaunliche Veränderung, ohne die die Menschheit sich nicht hätte entwickeln können, bleibt im Dunkeln. Die Nervenkanäle der Brustwirbel könnten zu eng gewesen sein, um die Atmung leicht zu kontrollieren, was für klares Sprechen nötig ist. Waren diese Frühmenschen überhaupt »menschlich«? Wenn ihr einem begegnet wärt, hätte es einen Anflug von Wiedererkennen in seinen Augen gegeben? Hätte er zurückgegrüßt und gewusst, dass ihr beide auf grundlegende Weise gleich seid? Keiner weiß die Antwort.

WOHNGEMEINSCHAFT
Die Gründe für das friedliche Nebeneinander mehrerer Hominidenarten in Afrika könnten verschiedene Nahrung und Lebensräume sein.

HOMO-ERECTUS-SCHÄDEL
Die Gehirngröße von *Homo erectus* entsprach fast der des heutigen Menschen.

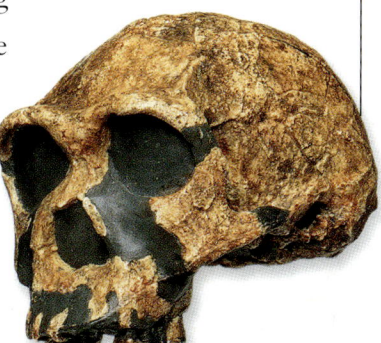

KAPITEL ZWÖLF

Von Eis *und* Menschen

Die Wanderung der frühen Menschen leitet über in die gegenwärtige Periode, das Quartär*. Dessen erste Epoche, das* Pleistozän*, wurde Zeuge des Aufstiegs von Homo sapiens (»wissender Mensch«).*

D**AS PLEISTOZÄN BEGANN vor 1,8 Millionen Jahren** mit einer allgemeinen Abkühlung der Erde und der Bildung riesiger dicker Eisdecken im Norden Asiens, Europas und Amerikas. Die Kälteperiode dauerte 90 000 Jahre, darauf folgte eine 10 000 Jahre lange Warmzeit. Es gab 20 derartige Vereisungsphasen, sodass das Klima bis heute einem langsamen, aber stetigen Wechsel unterliegt. Wir leben in einer Warmphase (Interglazial) einer großen Eiszeit. Während die Eisdecken schrumpften und sich ausdehnten, stieg und fiel der Meeresspiegel, Länder wurden überflutet und tauchten wieder auf, Ebenen wurden zu Seen und vereisten, Meeresböden fielen trocken und wurden von Wald oder Tundra bedeckt. Eine Landbrücke über die Beringsee verband Asien und Nordamerika

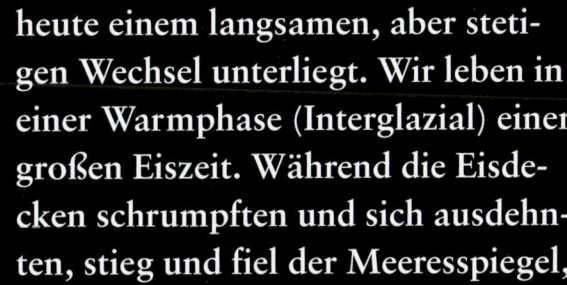

und ermöglichte den Lebewesen zwischen beiden Kontinenten zu wandern. Nordamerika und Südamerika waren inzwischen über die Landenge von Panama verbunden. Diese klimatischen Wechsel hatten viele Ursachen. Die wichtigsten waren die Kontinentalverschiebung und die erschreckende Tatsache, dass sich die Erdumlaufbahn von der Sonne entfernte, was die Wärmemenge beeinflusste, die die Erdoberfläche erreichte. Die letzte Vereisung der gegenwärtigen Eiszeit endete vor 10000 Jahren. Erfahrungen aus der Vergangenheit lassen vermuten, dass gerade eine Kaltphase beginnt, doch die vom Menschen verursachte globale Erwärmung könnte diese auf unbestimmte Zeit verschieben.

WOLLMAMMUT
Mammuts bewegten sich in großen Herden über die pleistozänen Grasebenen. Sie fraßen kleine Pflanzen, die sie mit zwei »Fingern« an der Rüsselspitze pflückten. Ihre Stoßzähne dienten zum Kampf und zum Imponieren, aber auch der Nahrungsbeschaffung.

Zu Beginn des Pleistozäns gab es Säugetiere in großer Zahl. In den wärmeren Gebieten lebten Riesenfaultiere, die größer waren als ein Elefant und sich etwa 7 m hoch aufrichten konnten. 3 m lange Gürteltiere mit starren Schalen aus Knochenplatten erinnerten an Panzer. Doch es gab natürlich auch die Geschöpfe der Kälte, die sich entwickelt hatten, um im eisigen Klima zu überleben. Dazu gehörten Rentiere, Rotwild, Riesenhirsch, Eisbären und eine Nashornart mit einem wollenen Fell, das es vor der bitteren Kälte schützte.

Das vielleicht bekannteste der eiszeitlichen Lebewesen ist das Wollmammut. Es war im Wesentlichen ein mit Fell bedeckter Elefant. Doch sein aufgewölbter Schädel, seine gebogenen Stoßzähne und sein Schulterbuckel machen es sofort als das verschwundene Lebewesen der Eiszeit erkennbar. Es wurden viele Exemplare gefunden, die so gut wie unbeschädigt im Permafrostboden (ganzjährig gefrorener Boden) begraben waren. Wollmammuts erreichten eine Höhe von 3,5 m und suchten auf den eiszeitlichen Grasebenen nach Nahrung. Sie überlebten eine Million Jahre. Angeblich lebten die letzten noch vor 4000 Jahren auf einer arktischen Insel vor Sibirien. Sie sind in 30000 Jahre alten Höhlenmalereien abgebildet, auf denen einige im Kampf oder in Herden dargestellt wurden.

In den wärmeren Zwischeneiszeiten gediehen Elefanten und verschiedene Pferde- und Rinderarten. Es gab Antilopen, Bisons, Schafe und Ziegen, die alle frei die Landschaft durchstreiften, sowie verschiedene Katzenarten, zu denen Hyänen und der Säbelzahn *Smilodon* gehörten. Auch Wölfe gab es wieder mehr, darunter *Canis dirus*, den »furchtbaren Hund«. *Bos primigenius*, der »uralte Ochse«, erreichte eine Höhe von über 2 m, war 3 m lang und hatte lange, ausladende Hörner. Diese

GEWALTIGES MEGATHERIUM
Dieses pleistozäne Faultier erreichte Elefantengröße. Heutige Faultiere sind nicht größer als mittelgroße Hunde.

GOLDENER FUND
Dieses Mammutbaby war 40000 Jahre lang eingefroren, bis es 1977 von Goldsuchern in Russland entdeckt wurde.

GROSSER KIEFER
Der Kieferknochen von *Homo heidelbergensis* kombinierte primitive und moderne Merkmale. Er war groß und dick, aber die Backenzähne waren so klein wie bei *Homo sapiens*.

URZEIT-OCHSE
Bos primigenius war der Vorfahre der heutigen Hausrinder. Anders als diese war der pleistozäne Riese jedoch wild und aggressiv.

Art betrifft eine erstaunliche Tatsache: Der letzte Angehörige von *Bos primigenius* wurde 1627 in Polen getötet. Er hatte das Aufkeimen der modernen Welt überlebt. In den Meeren des Pleistozäns gediehen weitere »moderne« Lebewesen wie Robben und Seelöwen. Es gab auch einen Tauchvogel, den Riesenalk, der erst 1844 von Menschen ausgerottet wurde. Es gab Kiefern, Weinstöcke, Eichen, Fichten und Butterblumen. Und schließlich auch den Menschen.

In diesem Stadium der Frühgeschichte vollzog sich eine ziemlich rasche Entwicklung der menschlichen Fähigkeiten. Vor etwa 700 000 Jahren, als *Homo erectus* sich noch seinen Weg durch die Wälder und Ströme Afrikas und Asiens bahnte, war ein intelligenteres Lebewesen aufgetaucht. Dies war der große und zähe *Homo heidelbergensis*, der nach der Stadt benannt wurde, wo erstmals sein Kiefer entdeckt wurde. Seine Überreste wurden danach von England bis nach Sambia gefunden.

Durch die Überreste seiner Werkzeuge, zu denen Speere und Hämmer gehören, wissen wir, dass *heidelbergensis* einige Fertigkeiten besaß. Handäxte, Hackbeile und Knochen belegen, dass diese Jäger Gruppen bildeten, bevor sie ihre Beute sorgfältig aussuchten und erlegten. Dann nahmen sie die Kadaver systematisch auseinander, was für ein gewisses intelligentes Gemeinschaftsverhalten spricht. Zweifellos benutzte *Homo heidelbergensis* Feuer zum Kochen des Fleisches. Er könnte auch Kleidung getragen und sogar Hütten gebaut haben.

Doch die weit wichtigere Frage betrifft sein Sprachvermögen, jenen Atem der Macht, der nach und nach die Welt kontrollieren sollte. Eine Gruppe, die jagen und kochen konnte, muss eine Verständigungsmöglichkeit entwickelt haben, doch kann der Sprachgebrauch weder bewiesen noch widerlegt werden.

Wir können uns aber in anderer Weise in die Denkweise von *heidelbergensis* hineinversetzen, weil wir wissen, dass er seine Toten bestattete. Ein Höhlenkomplex in Spanien, die »Knochengrube«, enthält die Reste vieler menschlicher Skelette. Sie sind etwa 300000 Jahre alt. Ihre großen Nasen belegen, dass sie sich an die kälteren Bedingungen des pleistozänen Europas angepasst hatten, da diese ihnen erlaubten die gefrorene Luft aufzuwärmen, bevor sie in ihre Lungen gelangte. Warum die Knochen zur Knochengrube gebracht wurden, ist ein Rätsel. Hatte *heidelbergensis* eine Ahnung von einem jenseitigen Leben, die ihn eine solche Enklave für die Toten anlegen ließ?

Wenn man sich ansieht, was nach *heidelbergensis* kam, erhält man vielleicht den Ansatz einer Antwort. Es gab eine Hominidengruppe, die ihre Toten in Gräbern bestattete und offensichtlich Grabbeigaben bereitete oder den Leichnam mit farbigen Pulvern bestreute. Dies waren die Rituale von *Homo neanderthalensis*, einer Gruppe, die sich über viele Jahrtausende aus dem *Homo heidelbergensis* entwickelt haben könnte. *Homo neanderthalensis*, besser bekannt als Neandertaler, war

Werkzeugbau

Die Fertigung eines Werkzeugs bezieht die Erinnerung, die Vorausplanung und das Lösen abstrakter Probleme mit ein. Das Erlernen der Werkzeugherstellung ermöglichte den Menschen die Anpassung an ihre Umwelt.

Kieselhammer

Knochenhammer

Feuersteinarbeiten
Im steinzeitlichen Europa war Feuerstein das beste Material zur Werkzeugherstellung. Roher Feuerstein kann zu vielen Formen und Größen verarbeitet werden, wenn man ihn vorsichtig zerschlägt. Er kann auch wie Glas zu einer Schneidekante geschärft werden.

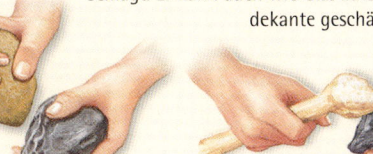

Regelmäßige Splitter werden mit einem Steinhammer abgeschlagen.

Der Feuerstein wird mit einem Knochenhammer behauen.

Faustkeil
Dieser behauene Faustkeil aus Swanscombe (England) passte genau in eine Handfläche.

KNOCHENBRECHER
Canis dirus hatte kräftigere Kiefer und größere Zähne als heutige Wölfe und konnte Knochen besser knacken und fressen.

RITUELLES BEGRÄBNIS
Dieser Neandertaler wurde auf den Rücken gelegt, die Arme über der Brust verschränkt.

viel kleiner und gedrungener als seine Vorgänger (etwa 1,70 m gegenüber 1,80 m), vielleicht weil sein Körper im kalten Klima Wärme speichern musste. Er stellte einen weiteren Evolutionsschritt der Anpassung und Veränderung dar. Die Neandertaler tauchten vor etwa 250 000 Jahren auf und breiteten sich über ganz Europa und Teile des Mittleren Ostens aus. Sie hatten breite Nasen und einen charakteristischen Hinterhaupthöcker. Sie besaßen Überaugenwülste und eine fliehende

NEANDERTAL-MODE
Neandertaler könnten helle Haut gehabt und als erste Menschen Kleidung getragen haben.

Stirn. Ihr Aussehen hat ihnen den Ruf einer primitiven oder rückständigen Rasse eingebracht, weshalb das Wort »Neandertaler« auch als Schimpfwort benutzt wird.

Die Neandertaler hatten jedoch eine größere Hirnkapazität als heutige Menschen. Sie reichte von 1200 cm³ bis 1750 cm³ gegenüber 1200 cm³ bis 1600 cm³ bei *Homo sapiens*. Das heißt nicht zwangsläufig, dass sie intelligenter waren, aber es besagt, dass sie ebenso empfindsam auf ihre Umgebung reagierten. Sie haben gewiss die Kunst des Feuermachens beherrscht, denn auf Höhlenböden wurden Feuerstellen gefunden. Man kann sich gut eine Familie vorstellen, die sich um die Feuerstelle versammelt, sich vielleicht sogar unterhält. Ihre Skelette legen nahe, dass sie in der Lage waren zu sprechen, über die Qualität und Tonlage ihrer Sprache kann man aber nur Vermutungen anstellen.

Die Werkzeuge der Neandertaler waren fortschrittlicher als die von *heidelbergensis*. Scharfe Klingen waren säuberlich in hölzerne Halterungen eingepasst. Ausgrabungen haben auch einfache Halsketten zutage gefördert, die aus Tierzähnen gemacht und vielleicht als Statussymbole getragen wurden. Es gibt Belege dafür, dass die Gemeinschaften ihre Alten und Kranken pflegten. Doch bevor das Bild des Neandertalerlebens zu rosig wird, sollten wir uns klarmachen, dass sie auch Kannibalen gewesen sein könnten. Sie führten ein hartes Leben. Die meisten ihrer Verletzungen waren das Ergebnis von Konflikten mit großen Tieren. Das Klima war sehr kalt und ihre Lebenszeit im Allgemeinen kurz. In 220 000 Jahren ihrer Existenz bildeten sie eine ziemlich hoch entwickelte Kultur aus. Trotzdem starben sie vor etwa 30 000 Jahren aus.

Die Neandertaler stellen so etwas wie eine Einbahnstraße dar, die nicht zur vollen Menschwerdung genügte. Neuere DNS-Belege stützen

DICKSCHÄDEL
Der Neandertalerschädel hat eine niedrige flache Schädeldecke, ein fliehendes Kinn und vorstehende Überaugenwülste. Kräftige Nackenmuskeln waren mit dem aufgewölbten Hinterhaupt verbunden.

Dieser Feuersteinschaber der Neandertaler wurde für die Bearbeitung von Häuten benutzt.

HOLZ-ARBEITEN
Neandertaler jagten mit hölzernen Wurfspeeren. Diese wurden angespitzt und mit Feuer gehärtet.

Das Feuer

Feuer war die großartigste Entdeckung der vorgeschichtlichen Menschen. Es ermöglichte ihnen, warm zu bleiben, wenn das Klima viel kälter wurde als heute. Es half ihnen, wilde Tiere auf Abstand zu halten und die hölzernen Speerspitzen zu härten. Feuer garte auch das Essen, machte manche unverdaulichen Fleisch- und Pflanzensorten essbar und erweiterte so das Nahrungsangebot.

Feuerbohrer

Dieser einfache Feuerbohrer (rechts) wurde zwischen beiden Handflächen auf dem unteren Holz gedreht. Man gab trockenes Stroh, das von der Hitze entzündet wurde, auf einen Haufen aus kleinen Zweigen, der von Steinen umgeben war (links).

Steine schützten das Feuer vor Zugluft.

Hölzerner Bohrer

Dort, wo der Bohrer angesetzt wurde, sind Löcher.

---

diese Schlussfolgerung, denn sie haben Anzeichen wichtiger Unterschiede in der DNS von *Homo sapiens* und Neandertalern gefunden. Die Neandertaler waren zwar »wie« Menschen, ihnen fehlten aber die Erkenntnisse, die uns einzigartig machen.

Die meisten Paläontologen stimmen darin überein, dass *Homo sapiens* aus Afrika stammte und sich vielleicht aus einer Form von *Homo heidelbergensis* entwickelte. Die Jetztmenschen erschienen erstmals vor etwa 180 000 Jahren. Sie waren groß und lebten wahrscheinlich auf Grasebenen oder an Küsten, wo am einfachsten Nahrung gesammelt werden konnte. Die Größe und Form des Kopfes waren menschlich. Das Knochengerüst war leichter gebaut als bei früheren Hominiden. Zähne, Kiefer, Arme, Hände und Füße schrumpften auf menschliche Größe.

STARK UND SCHLANK
Die Cro-Magnon waren eine europäische *Homo-sapiens*-Gruppe. Sie waren muskulös und gut gebaut, doch fehlten ihnen die dicken Knochen der Neandertaler. Sie schützten ihre Körper mit Kleidung aus Fellen und Häuten.

Homo sapiens konnte sich an eine Vielzahl von Lebensräumen anpassen. Und so begannen sich dann auch Gruppen von *Homo sapiens* auszubreiten und sie erreichten vor etwa 60 000 Jahren über Indonesien Australien. Vor etwa 40 000 Jahren (10 000 Jahre vor dem Verschwinden der Neandertaler) kamen sie in Europa an. Diese ungewöhnliche und rasche Besiedelung des Planeten ist ein Anzeichen für den Erfolg von *Homo sapiens* in jedem Lebensbereich. Es ist tatsächlich die erfolgreichste Säugetiergruppe, die es jemals gab, und sie hat im Zuge ihrer kurzen Evolution innerhalb von 200 000 Jahren die Erde vollkommen verwandelt. Man muss bedenken, dass dies im Hinblick auf die lange Erdgeschichte winzige Zeitabschnitte sind. Die Zeitspanne der gesamten Evolution der Menschheit ist nicht mehr als ein Stecknadelkopf an der Spitze der Großen Pyramide, ein Klecks Farbe auf dem obersten Tragbalken des Eiffelturms.

Europas erste moderne Menschen sind die Cro-Magnon, die nach ihrem ersten Fundort in Frankreich benannt wurden. Sie kamen vor etwa 40 000 Jahren als direkte Nachfahren des ursprünglichen *Homo sapiens* auf dem Kontinent an. Archäologen fanden etliche hoch entwickelte Werkzeuge und Waffen zwischen ihren Knochen, zu denen Harpunen, Nadeln, Messer und Speerspitzen gehören. Sie bauten Unterkünfte – einige von ihnen sogar aus den Knochen von Mammuts – und nähten Kleidung aus den Fellen und Häuten von Tieren. Sie trugen auch Schmuck: Es wurden Halsketten aus Muscheln und Zähnen gefunden.

Zum ersten Mal in der Geschichte des Planeten lebten jetzt Wesen, die Kunst schufen. Figuren aus Stein oder Elfenbein

HEUTIGER SCHÄDEL
Der menschliche Schädel unterscheidet sich deutlich von dem des Neandertalers, da er eine flache, vorstehende Stirn, eine kleinere Nase und kleinere Zähne hat. Dadurch wirkt das Gesicht eher gerade und flach.

WANDERUNGEN
Homo sapiens verbreitete sich rasch über die Welt, indem er Nordamerika über Asien und Südamerika über Landbrücken erreichte. Im Laufe der Zeit baute er Segelboote, um abgelegene Pazifikinseln zu erreichen.

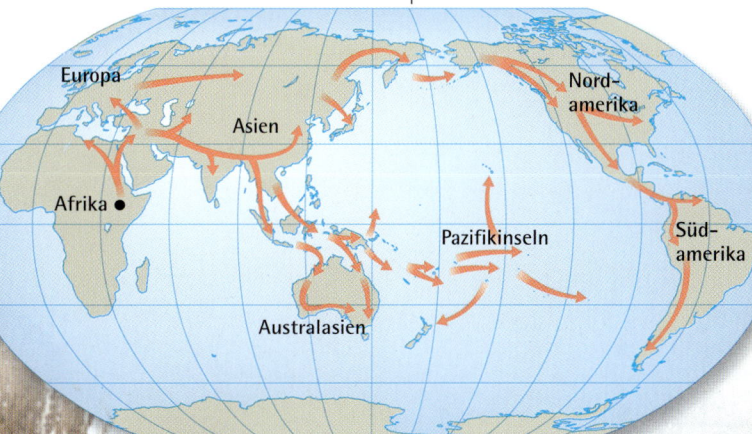

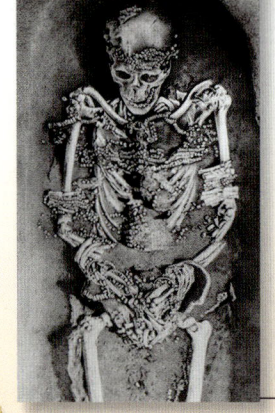

GESELLSCHAFTS-BEGRÄBNIS
Wichtige Cro-Magnon wie dieser wurden mit Ornamenten und den Abzeichen ihres sozialen Ranges bestattet.

wurden in ganz Europa aus-gegraben, manche so fein-gliedrig wie antike Gegen-stände. In einem russischen Grab wurden drei Körper gefunden, die mit Tausenden von Elfenbein-perlen bedeckt waren. Dies waren mit Sicherheit bedeutende Perso-nen, was vermuten lässt, dass die Cro-Magnon bereits eine autoritäre Hierarchie hatten.

Doch die genaueste Vorstellung von den Cro-Magnon und ihrer außer-europäischen Sippe vermitteln die Höhlenmalereien. Es gibt Umriss-zeichnungen von Büffeln, Pantern, Mammuts, Nashörnern, Rindern und Antilopen, außerdem auch Umrisse von menschlichen Figuren und Handabdrücke dieser uralten Maler. Ihre sachkundigen Bilder von der Welt wurden in großer Zahl gemalt und sind voll Energie und Bewe-gung. Dass diese Menschen geschickte Künstler waren, steht außer Zweifel, auch wenn wir die Bedeutung ihrer Arbeit noch nicht endgültig beurteilen können. Vielleicht gehörten die Malereien zu Ritualen, die in den Höhlen stattfanden, oder sie stellten die Träume der Künstler dar.

KUNST-HANDWERK
Kunst und Kunstwerk-zeuge von *Homo sapiens* sind einzigartig. Werkzeuge sind oft verziert und für Feinarbeiten entworfen. Hier sieht man geschnitzte Figuren, ein Elfenbein-messer und fein gearbeitete Harpunenspitzen.

Höhlenmaler benutzten kleine Knochen, um mit Ocker und Kohle zu malen.

Vor etwa 30000 Jahren war *Homo sapiens* dann allein auf der Welt. Alle anderen Hominiden waren ausgestorben und ließen als nächste Verwandte der Menschen die Schimpansen und Gorillas zurück, die nun ihre eigenen Entwicklungspfade beschritten.

Auch der Beginn der letzten Kaltphase der momentanen Eiszeit liegt 30000 Jahre zurück. Sie dauerte etwa 17000 Jahre. Als sich das Eis endlich zurückzog, begann unsere eigene Ära. Sie heißt Holozän oder »gegenwärtige Epoche«. *Homo sapiens* hatte inzwischen die meisten Gebiete der Erde besiedelt. Viele Tiere des kalten Pleistozäns verschwanden, wobei ihr Aussterben oft durch die Jagd des Menschen verursacht wurde. In den ersten drei- oder viertausend Jahren nach dem Ende der letzten Kaltphase entdeckten verschiedene Gruppen des *Homo sapiens* die Vorteile von Ackerbau und Viehzucht. Aber das ist Teil einer anderen Geschichte – der der menschlichen Zivilisation. Unsere Geschichte endet mit dem Auftauchen von *Homo sapiens* als dominante Art auf der Erde. Seine Herrschaft dauert noch nicht lange an und könnte unvorhersehbare Folgen für die Erde haben, doch wir haben gesehen, dass die Menschheit ihre Ursprünge bis zu jenem glühend heißen Moment, als das Universum entstand, zurückverfolgen kann. Feuer ist der Mittelpunkt, es war am Anfang und es brennt noch immer im Zentrum unserer Erde. Wenn wir uns heute gern um ein Feuer versammeln, werden wir vielleicht von wahrlich uralten Kräften geleitet.

URALTES FEUER
Südafrikanische Xhosa-Jungen sitzen bei einem Initiationsritual um ein Feuer, woran sich seit den Tagen ihrer Urahnen wenig geändert hat.

Fossilien

FOSSILIEN SIND DIE ÜBERRESTE urzeitlichen Tier- und Pflanzenlebens, die für Jahrmillionen erhalten geblieben sind. Sie reichen von den Knochen der größten Dinosaurier bis zu winzigsten Bakterien. Ein Fossil kann die Struktur eines Organismus erstaunlich detailgetreu zeigen. Blätter, Blüten, Federn, Zähne und sogar Fußabdrücke können unter speziellen Bedingungen überliefert werden.

Sand   Tonstein   Bernstein   Teer   Mineralien

FOSSILIENTYPEN

Tiere und Pflanzen wurden in Sand, Eis, Teer, Torf, Bernstein (fossiles Baumharz) und Schlamm bewahrt, was alles mit der Zeit versteinern kann. Pflanzen hinterlassen oft Abdrücke. Insekten können in Bernstein eingeschlossen sein. Wenn Mineralien den Körper eines Lebewesens ersetzen, entstehen Steinkerne.

Trilobitenabguss

Trilobitenabdruck

HOHLFORMEN UND ABGÜSSE

Manchmal wird ein Fossil vollkommen zerstört, hinterlässt jedoch einen Abdruck im umgebenden Gestein. Der Raum in dieser Hohlform kann dann durch andere Mineralien gefüllt werden und bildet einen Abguss der Gestalt des Fossils. Abguss und Hohlform passen perfekt ineinander.

Wie ein Fossil entsteht

Fossilien entstehen auf verschiedene Arten, aus denen jeweils ein bestimmter Fossiltyp hervorgeht (links). Am häufigsten füllen Mineralien die Porenräume in den harten Geweben eines Tieres oder einer Pflanze und verfestigen sich zu einem Fossil, während die Weichteile verwesen.

1. VERWESUNG

Der langsam verwesende Kadaver eines toten *Procolophon* liegt frei auf der Erdoberfläche.

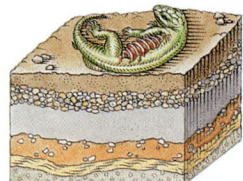

2. ABDECKUNG

Flache Ströme lagern Sediment (wie Sand oder Kies) auf dem Reptilienkörper ab, bis er vollständig bedeckt ist.

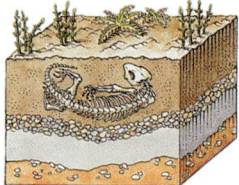

3. FOSSILISATION

Durch den Druck wird der Sand um das Skelett herum in Jahrmillionen zu Stein und die Knochen werden ein Fossil.

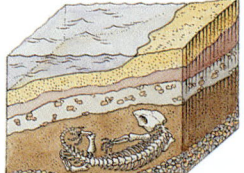

4. FREILEGUNG

Die Erosion und die natürlichen Bewegungen der Erde legen das Fossil auf Geländeniveau frei.

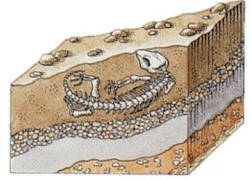

PRÄPARATION DES FOSSILS

Wissenschaftler graben Fossilen vorsichtig aus. Wenn nötig, setzen sie Stücke zusammen, um ein Tier als Ganzes zu zeigen.

Procolophon-Fossil

HADEUM	ARCHAIKUM	PROTEROZOIKUM								
PRÄKAMBRIUM				PALÄOZOIKUM						
			KAMBRIUM	ORDOVIZIUM	SILUR	DEVON	KARBON	PERM		TR
4,560			545	495	443	417	354	290	248	

MILLIONEN JAHRE VOR HEUTE (MJ)

Evolution

EVOLUTION IST DER VORGANG, bei dem sich Lebewesen über Generationen in Anpassung an Umweltbedingungen verändern. Aus kleinen Vorfahren können größere Tiere hervorgehen (z. B. Elefanten), aber die Evolution kann auch Verkleinerung oder den Verlust von überflüssigen Merkmalen (z. B. Flossen oder Flügel) mit sich bringen. Neue Arten können sich aus isolierten Populationen entwickeln.

Natürliche Auslese

Der britische Wissenschaftler Charles Darwin (1809–1882) erkannte, dass Angehörige einer Art immer leicht verschieden sind und diese Unterschiede an ihre Nachkommen weitergeben. Diejenigen mit nützlicheren Eigenschaften sind erfolgreicher im Nahrungskampf und bekommen mehr Nachwuchs. Er nannte das natürliche Auslese.

Mit dem Schnabel und der röhrenartigen Zunge kann der Liwi Nektar saugen.

Der Akiapolaau sucht mit dem heruntergebogenen Oberschnabel nach Insekten.

Der Maui-Papageienschnabel benutzt seinen Schnabel, um im Holz nach Insekten zu suchen.

Der Apapane hat einen nützlichen Multifunktionsschnabel.

Stammform des Kleidervogels

Der Kauai akialoa zieht mit dem langen Schnabel Insekten heraus.

Der Kona-Fink zerknackt Samen mit seinem kräftigen Schnabel.

HAWAIIANISCHE KLEIDERVÖGEL

Heute leben 23 Arten der kleinen finkenähnlichen Kleidervögel auf den Hawaii-Inseln. Wahrscheinlich stammen sie alle von einer Kleidervogelart ab. Über die Jahrtausende entwickelten sich nach und nach verschiedene Formen, von denen jede einen einzigartigen Schnabel hat, mit dem sie sich von ganz bestimmten Futterarten ernährt.

DIE EVOLUTION DER ELEFANTEN

Lebewesen durchlaufen keine Evolution in einer einzigen Lebensspanne. Sie verändern sich über aufeinander folgende Generationen und Arten. Die ersten Elefanten waren klein und hatten kurze Stoßzähne und Rüssel. Mit der Zeit veränderte sich ihr Aussehen.

Asiatischer Elefant

Wollmammut

Moeritherium

Phiomia

Gomphotherium

Deinotherium

PHANEROZOIKUM								ÄON
MESOZOIKUM		KÄNOZOIKUM						ÄRA
JURA	KREIDEZEIT	TERTIÄR					QUARTÄR	PERIODE
		PALÄOZÄN	EOZÄN	OLIGOZÄN	MIOZÄN	PLIOZÄN	PLEISTOZÄN	HOLOZÄN	EPOCHE

142

65   55   34   24   5   1.8   10 000 J   GEGENWART

Dinosaurier-stammbaum

DIE DINOSAURIER ERSCHIENEN ERSTMALS vor etwa 230 Millionen Jahren und waren über 165 Millionen Jahre die herrschenden Lebewesen auf der Welt. Tausende Dinosaurierarten trampelten in der Trias, im Jura und in der Kreidezeit über die Erde. Jede dürfte weniger als zwei oder drei Millionen Jahre überlebt haben. Man ordnet sie in einem Stammbaum, der zeigt, wie sie sich aus dem ersten Dinosaurier entwickelt haben. Alle außer den Vögeln verschwanden bei einem Massensterben am Ende der Kreidezeit.

DINOSAURIERVORFAHREN

Wichtige Dinosaurier-Fakten

- Dinosaurier waren Reptilien und teilten viele Merkmale wie schuppige Haut, scharfe Krallen und die Eiablage mit heutigen Reptilien.

- Dinosaurier waren Landbewohner, die aber mit den Flugsauriern und den im Wasser lebenden Krokodilen verwandt waren.

- Wissenschaftler unterteilen die bekannten Dinosaurier in zwei Gruppen, die nach der Struktur ihrer Becken benannt wurden: Vogelbeckendinosaurier (Ornithischia) und Echsenbeckendinosaurier (Saurischia).

- Über 500 Dinosaurier-Arten sind bislang beschrieben, doch das ist wahrscheinlich nur ein winziger Teil der ehemals existierenden Arten.

- Heute glauben die meisten Wissenschaftler, dass Vögel gefiederte Dinosaurier sind.

ORNITHISCHIER

SAURISCHIER

HERRERASAURIER

Lesothosaurus

FABROSAURIER

AUSGESTORBEN

Die Fabrosaurier waren kleine, leicht gebaute Pflanzenfresser.

Während der Trias entwickelten die Dinosaurier zwei Formen, die Ornithischier und die Saurischia.

Anchisaurus

PROSAUROPODEN

Dilophosaurus

Die Theropoden waren eine große Gruppe zweibeiniger Fleischfresser.

Coelophysoiden wie Dilophosaurus gehörten zu den ersten Theropoden.

THEROPODEN

Herrerasaurus

TETANURA

AUSGESTORBEN

Herrerasaurier waren kleine bis mittelgroße Räuber der Trias.

TRIAS (VOR 248–205 MILLIONEN JAHREN)

JURA (VOR 206–144 MILLIONEN JAHREN)

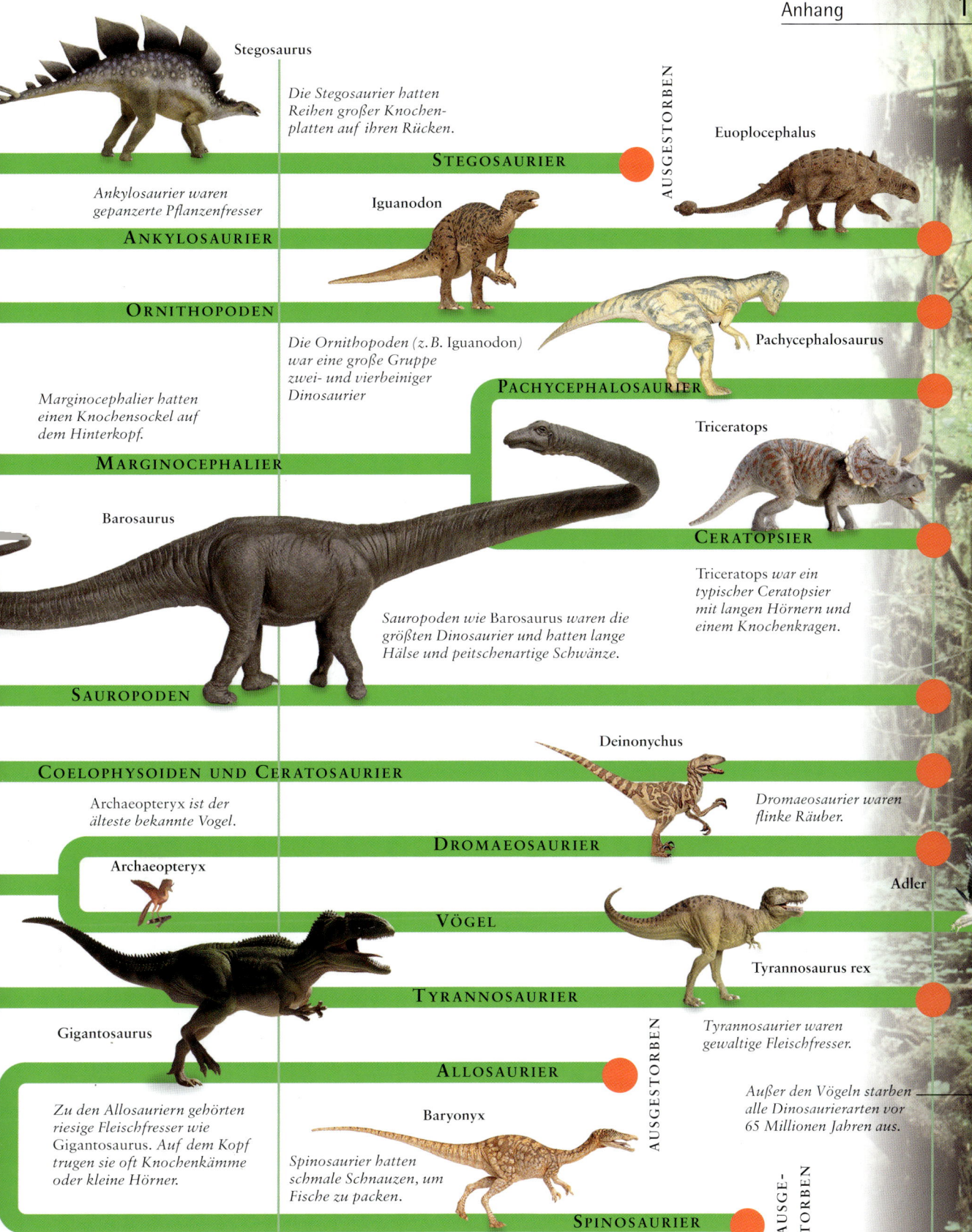

Stegosaurus

Die Stegosaurier hatten Reihen großer Knochenplatten auf ihren Rücken.

STEGOSAURIER

Euoplocephalus

Ankylosaurier waren gepanzerte Pflanzenfresser

ANKYLOSAURIER

Iguanodon

ORNITHOPODEN

Die Ornithopoden (z. B. Iguanodon) war eine große Gruppe zwei- und vierbeiniger Dinosaurier

Pachycephalosaurus

PACHYCEPHALOSAURIER

Marginocephalier hatten einen Knochensockel auf dem Hinterkopf.

MARGINOCEPHALIER

Triceratops

Barosaurus

CERATOPSIER

Triceratops war ein typischer Ceratopsier mit langen Hörnern und einem Knochenkragen.

Sauropoden wie Barosaurus waren die größten Dinosaurier und hatten lange Hälse und peitschenartige Schwänze.

SAUROPODEN

COELOPHYSOIDEN UND CERATOSAURIER

Deinonychus

Archaeopteryx ist der älteste bekannte Vogel.

DROMAEOSAURIER

Dromaeosaurier waren flinke Räuber.

Archaeopteryx

VÖGEL

Adler

TYRANNOSAURIER

Tyrannosaurus rex

Gigantosaurus

Tyrannosaurier waren gewaltige Fleischfresser.

ALLOSAURIER

Zu den Allosauriern gehörten riesige Fleischfresser wie Gigantosaurus. Auf dem Kopf trugen sie oft Knochenkämme oder kleine Hörner.

Baryonyx

Spinosaurier hatten schmale Schnauzen, um Fische zu packen.

Außer den Vögeln starben alle Dinosaurierarten vor 65 Millionen Jahren aus.

SPINOSAURIER

AUSGESTORBEN

AUSGESTORBEN

AUSGE-STORBEN

KREIDEZEIT (VOR 144-65 MILLIONEN JAHREN)

SÄUGETIER-

VORFAHREN

AUSGESTORBEN

Morganucodon

PROTOMAMMALIER

(spitzmausartige
Insektenfresser)

*Legten
wahr-
schein-
lich Eier.*

Ptilodus

*Multitubercula-
ten hatten einzig-
artige Zähne mit
vielen Spitzen
oder »Höckern«.*

AUSGESTORBEN

MULTITUBERCULATEN

(kleine Pflanzenfresser, die Hörnchen, Mäusen oder Opossums
ähnelten)

MONOTREMATA

(Schnabeltiere und Schnabeligel)

*Jungtiere schlüp-
fen aus Eiern.*

Alphadon

Argyrolagide

BEUTELTIERE

(Kängurus, Opossums und Verwandte)

*Jungtiere entwickeln
sich in einem Beutel
am Körper der
Mutter.*

XENATHRA (ZAHNARME)

(Ameisenbären, Faultiere und
Gürteltiere)

AFROTHEREN

(Elefanten, Schliefer und Seekühe)   Moeritherium

NAGETIERE UND HASEN

(Hörnchen, Ratten, Mäuse, Hasen und ihre
Verwandten)

PRIMATEN

(Affen, Menschen-
affen und Halbaffen)   Plesiadapis

*Der Embryo ernährt
sich in der Mutter
von der so genannten
Placenta.*

INSEKTENFRESSER UND   FLEDE

(Spitzmäuse, Maulwürfe, Igel,
Fledermäuse und ihre Verwandten)   Fleder-
maus

PLACENTALIA

CREODONTEN

Miacis

CARNIVOREN

(Katzen, Hunde und ihre Verwandten)

UNPAARHUFER

(Pferde, Nashörner und Tapire)

Basilosaurus

Stammbaum
der Säugetiere

SÄUGETIERE SIND WIRBELTIERE mit Fell, die ihre
Jungen mit Milch säugen und eine konstante Körpertemperatur halten. Sie erschienen erstmals in der
Trias. Aber bis zur Kreide und dem Paläozän gab es
nur wenige Arten. Danach tauchten viele Arten auf,
zu denen Nagetiere, Elefanten, Raubtiere und Primaten gehörten. Dieser Stammbaum zeigt die Verwandt-
schaft und das zeitliche Erscheinen der Säugetiere.

| TRIAS (248–206 MJ) | JURA (206–142 MJ) | KREIDEZEIT (142–65 MJ) | PALÄOZÄN (65–55 MJ) | EOZÄN (55–34 MJ) |

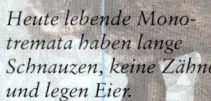

Heute lebende Mono-
tremata haben lange
Schnauzen, keine Zähne
und legen Eier.   Schnabeltier

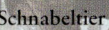

Beuteltiere werfen winzige nackte Jungtiere, die in einem speziellen Beutel
mit Milch gesäugt werden.   Känguru

Thylacosmilus

Xenathra haben spezielle
Gelenke in der Wirbelsäule
und relativ wenige Zähne.

Elefant

Gürteltier

Megatherium

Afrotheren sind eine vielfältige
Gruppe, die aus Afrika stammt.

Hase   Nagetiere und Hasen haben lebens-
lang nachwachsende Schneidezähne.   Ratte

Lemur

Mensch

Primaten haben geschickte Hände und Füße
und flache Nägel an Fingern und Zehen.

Insektenfresser fressen Wirbellose. Viele haben gut
entwickelte Nasen und kleine Augen und Ohren.

ÄUSE

Maulwurf

Hyaenodon

Dinofelis

Carnivoren hatten spitze
Reißzähne zum Zerreißen
von Fleisch.

Hund

Creodonten hatten kurze
Gesichter und große Eckzähne.

A U S G E S T O R B E N

Hipparion   Unpaarhufer laufen auf
einem oder auf drei Zehen.   Nashorn   Kuh

Daeodon   Paarhufer laufen auf zwei
oder auf vier Zehen.

PAARHUFER

(Antilopen, Hirsche, Rinder, Schafe, Kamele, Flusspferde und Schweine)   Wal

WALTIERE

(Wale und Delfine)   Wale und Delfine leben im Wasser, sind fast
haarlos und haben flossenartige Gliedmaßen.

AUSGESTORBENE SÜDAMERIKANISCHE HUFTIERE

(Säugetiere, die Kamelen, Pferden, Hasen und Ähnlichen gleichen)

A U S G E S T O R B E N

Macrauchenia

| OLIGOZÄN (34–24 MJ) | MIOZÄN (24–5 MJ) | PLIOZÄN (5–1,8 MJ) | PLEISTOZÄN (1,8 MJ – 8000 J) | HOLOZÄN (8000 J – HEUTE) |

Massensterben

EIN AUSSTERBEEREIGNIS TRITT AUF, wenn Tausende Arten innerhalb einer relativ kurzen Zeit aussterben. Es gab in der Erdgeschichte viele solcher Ereignisse. Die meisten dauerten mehrere Jahrmillionen und wurden eher von einer Reihe von Faktoren als von einer einzigen Katastrophe ausgelöst. Trotzdem führten mindestens fünf Ereignisse (siehe unteres Diagramm) zu so großen Massensterben, dass der Großteil des Lebens auf der Erde verschwand. Man wird nie genau wissen, was die Massensterben verursachte, aber die Haupttheorien sind hier dargestellt.

AUSBRÜCHE
Riesige Vulkanausbrüche können die Erde mit Lava und Asche bedecken und die Atmosphäre mit Staub anfüllen, der kein Licht durchdringen und damit Pflanzen sterben lässt. Es werden auch giftige Gase ausgestoßen, die sauren Regen verursachen.

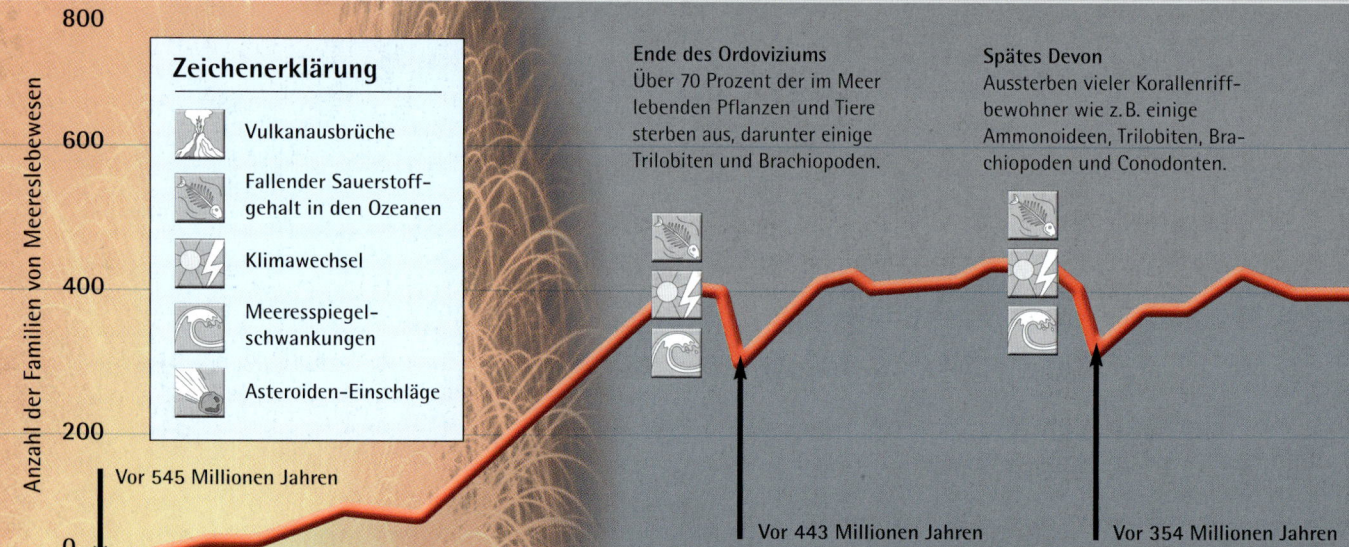

Anzahl der Familien von Meereslebewesen

800
600
400
200
0

Zeichenerklärung

- Vulkanausbrüche
- Fallender Sauerstoffgehalt in den Ozeanen
- Klimawechsel
- Meeresspiegelschwankungen
- Asteroiden-Einschläge

Vor 545 Millionen Jahren

Ende des Ordoviziums
Über 70 Prozent der im Meer lebenden Pflanzen und Tiere sterben aus, darunter einige Trilobiten und Brachiopoden.

Spätes Devon
Aussterben vieler Korallenriffbewohner wie z. B. einige Ammonoideen, Trilobiten, Brachiopoden und Conodonten.

Vor 443 Millionen Jahren

Vor 354 Millionen Jahren

Das sechste Massensterben?

Indem sich die Weltbevölkerung alle 40 Jahre verdoppelt, wird die heutige Umwelt in einem nie da gewesenen Maße zerstört, was katastrophale Folgen für das Pflanzen- und Tierleben hat.

• Intensive Landwirtschaft, Beweidung und Pestizide verringern die Bodenfruchtbarkeit und zerstören Lebensräume.

• Tierarten sterben zwischen 100- und 1000-mal schneller aus als vor der Ankunft des Menschen.

• Seit 1950 sind schätzungsweise 300 000 Tierarten ausgestorben. Die Vielfalt wird durch Landwirtschaft, Verstädterung, Umweltverschmutzung und die Verbreitung eingeschleppter Arten verringert.

• Die Hälfte aller Landtiere leben in Wäldern, von denen jedoch jährlich ein Prozent gerodet wird.

• Hochtechnologisierte Überfischung führt zum Verschwinden von ehemals häufigen Fischen in vielen Meeren.

• Industriechemikalien und fossile Brennstoffe vernichten Meereslebewesen durch Wasser- und Ölverschmutzung.

KLIMAWECHSEL

Das Erdklima bleibt nicht immer gleich, sondern ändert sich allmählich. Dies kann den Lebensraum einer Art so sehr verändern, dass sie sich nicht anpassen kann und ausstirbt. Klimawechsel können durch Vulkanausbrüche verursacht werden, die Kohlendioxid in die Atmosphäre abgeben und einen Treibhauseffekt auslösen. Plattenbewegungen können warme Gebiete zu den Polen befördern. Auch Veränderungen der Neigung der Erdachse und der Umlaufbahn können Klimata verändern.

Trockenklimata formen Wüsten.

Eis bildet sich in kalten Klimata.

Fossile Brachiopodenschalen erlauben Wissenschaftlern die Zeitbestimmung von Massensterben.

MEERESHÖHE

Meeresspiegel fallen oder steigen bei Klimaänderungen. In Warmphasen schmelzen Eiskappen und der Meeresspiegel steigt. In Kaltzeiten wird Wasser in den Bergen und an den Polen als Eis gebunden und der Meeresspiegel fällt. Steigende Meeresspiegel ertränken Arten auf flachen Inseln. Wenn die Ozeane sich zurückziehen, enden Meereslebewesen auf dem Trockenen. Zusätzlich kann eine verlangsamte Zirkulation des Wassers einen Sauerstoffmangel auslösen.

Ende des Perms
Aussterben von mindestens 90 Prozent aller Meeresarten und ebenso von Landtieren wie Synapsiden und vielen Reptilien.

Späte Trias
Aussterben aller Conodonten, einiger Gastropoden, Brachiopoden, Ammonoideen und Muscheln.

Ende der Kreidezeit
Aussterben der Dinosaurier, Flugsaurier, Plesiosaurier, Mosasaurier, Ammoniten und anderer im Meer lebender Wirbelloser.

Gegenwart
Zerstörung einer zunehmenden Anzahl von Ökosystemen infolge von Landwirtschaft, Industrie, Verschmutzung und Verstädterung. Das zukünftige Aussterben vieler Gruppen ist bedingt durch globale Erwärmung, die von Menschen verursacht wird.

Vor 248 Millionen Jahren

Vor 206 Millionen Jahren

Vor 65 Millionen Jahren

Heute | Zukunft

KATASTROPHALER EINSCHLAG

Ein großer Asteroid würde beim Einschlag auf die Erde mit der Kraft von zigtausend Atombomben explodieren und Feuerstürme und Flutwellen um die Erde rasen lassen. Staub würde das Sonnenlicht für Jahre abschirmen und somit das Klima kalt und dunkel werden lassen. Die meisten Pflanzen und Tiere würden sterben.

Glossar

Kursiv geschriebene Wörter haben ihren eigenen Eintrag in den Worterklärungen.

A

Algen Primitive Pflanzen und pflanzenartige Lebewesen, die unter feuchten Bedingungen wachsen.

Ammoniten Eine ausgestorbene Gruppe von Cephalopoden mit aufgerollten Gehäusen.

Amnioten Vierfüßige Wirbeltiere, deren Junge sich in einer Schutzmembran, dem Amnion, entwickeln. Hierzu gehören *Reptilien*, *Vögel* und *Säugetiere*.

Amphibien Wechselwarme *Wirbeltiere*, deren Larven mit Kiemen atmen.

Anapsiden Eine Gruppe primitiver *Reptilien* ohne Schädelöffnungen hinter den Augen. Schildkröten sind lebende Anapsiden.

Anthropoiden Höhere Primaten (Affen, Menschenaffen und Menschen).

Äon Die längste Einheit der geologischen Zeit. Die vier Äonen sind das Hadeum, das Archaikum, das Proterozoikum und das Phanerozoikum.

Ära Geologische Zeiteinheit, die den Äonen untergeodnet ist.

Archosaurier (»Herrscherreptilien«) Eine große aus der Trias stammende Reptilgruppe. Hierzu gehören *Dinosaurier*, *Pterosaurier* und Panzerechsen.

Art Die der *Gattung* untergeordnete Stufe in der Einteilung der Lebewesen.

Arthropoden *Wirbellose* mit Beingelenken und Außenskelett. Insekten und Spinnen sind lebende Beispiele.

Asteroiden Gesteinsblöcke unterschiedlicher Größe, die sich durch das All bewegen.

Aussterbeereignis Eine Serie natürlicher Faktoren, die zusammen zu einem Massensterben (*Aussterben*) führen.

Aussterben Das völlige Verschwinden einer Art bedingt durch Nahrungskonkurrenz oder ungünstige Umweltveränderungen.

B

Australopithecinen (»Südaffen«) Ausgestorbene menschenaffenartige *Hominiden*. Vorfahren der Menschen.

Beuteltiere (Marsupialia) *Säugetiere*, deren Junge in einer Hauttasche am Bauch der Mutter heranreifen.

Bovoiden (»ochsenähnlich«) *Paarhufer* wie Schweine, Flusspferde und Kamele.

Brachiopoden Im Meer lebende Wirbellose mit zwei Klappen (Arm- und Stielklappe), die den Weichkörper schützen.

Burgess Schiefer Der Ausgrabungsort in British Columbia, Kanada, wo in Schiefern mittelkambrische *Fossilien* gefunden wurden.

C

Cephalopoden Im Meer lebende Mollusken mit großen Augen und Tentakeln wie *Ammoniten* und Tintenfische.

Ceratopsier (»Hornsaurier«) Zwei- und vierbeinige Pflanzen fressende *Ornithischier* mit Schnäbeln und Knochenkragen.

Ceratosaurier (»Hornechsen«) Eine der beiden Hauptgruppen *theropoder* Dinosaurier.

Chordata Tiere mit einem *Notochord* (einem Stab, aus dem die Wirbelsäule hervorgegangen ist).

Creodonten Eine ausgestorbene Gruppe Fleisch fressender *Säugetiere*, die im Paläozän lebte.

Crustacea Eine große Arthropodenklasse, zu der Krebse und Krabben gehören.

Cyanobakterien Blaugrünalgen, die mithilfe der Sonnenenergie Nahrung produzieren.

Cycadeen Samen tragende Palmfarne.

Cynodontier (»Hundezähne«) Ausgestorbene hundeartige *Synapsiden*, zu denen die Vorfahren der *Säugetiere* gehörten.

D

Diapsiden *Reptilien* mit zwei Schädelöffnungen hinter jedem Auge. Hierzu gehören Echsen, Panzerechsen, *Dinosaurier* und *Vögel*.

Dinosaurier (»Schreckliche Echsen«) Eine große Gruppe fortschrittlicher *Archosaurier* mit aufgestellten Gliedmaßen.

Diversität (Vielfalt) Während der *Evolution* entsteht nach und nach aus wenigen *Arten* durch Anpassung an verschiedene Umweltbedingungen eine Vielfalt von *Arten*.

DNS Desoxyribonukleinsäure; das sind die Moleküle, die die genetischen Informationen an nachfolgende Generationen weitergeben.

E

Eiszeiten Zeitperioden, in denen große Teile der Erdoberfläche von Eisschichten bedeckt sind.

Elasmosaurier (»Metallplatten-Echse«) Langhalsige Plesiosaurier (Meeresreptilien mit paddelartigen Gliedmaßen).

Embryo Tier oder Pflanze in einem frühen Entwicklungsstadium.

Entgasung Der vulkanische Ausstoß von Kohlendioxid, Dampf und anderen Gasen.

Epoche Eine geologische Zeiteinheit, die länger als ein Zeitalter und kürzer als eine Periode ist.

Erdkern Das heiße und metallische Zentrum der Erde, das wahrscheinlich eine flüssige Außenschicht und ein festes Inneres hat.

Erdkruste Die feste Außenschicht der Erde.

Erdmantel Die Schicht des Erdinneren zwischen *Erdkruste* und *Erdkern*.

Eukaryoten Alle Lebewesen, die aus Zellen mit Zellkern bestehen. Eukaryoten entwickelten sich aus *Prokaryoten*.

Evolution Der Vorgang, bei dem durch ererbte Veränderungen neue *Arten* entstehen.

F

Filtrierer Ein Lebewesen, das sich durch das Herausfiltern von Plankton und anderen winzigen Organismen ernährt.

Fossil Die natürlich erhaltenen Überreste oder Spuren eines vorgeschichtlichen Lebewesens, die als Versteinerungen erhalten sind.

G

Gastropoden Die größte *Klasse* der *Mollusken*. Ihre inneren Organe liegen meist in einem aufgewundenen Gehäuse.

Gattung Eine Gruppe verwandter Arten von Lebewesen, die dem Familienlevel untergeordnet ist.

Gefäßpflanze Pflanzen mit Stützfasern und inneren Röhrchen, durch die Feuchtigkeit gelangt.

Gondwana Der riesige südliche *Superkontinent*, der vom *Präkambrium* bis zum *Jura* bestand.

Graptolithen (»auf Steinen geschrieben«) Winzige ausgestorbene Meereslebewesen, die in Kolonien lebten.

H

Habitat Natürlicher Lebensraum eines Lebewesens.

Hadrosaurier (»Massige Echsen«) Die Entenschnabelsaurier, zwei- oder vierbeinige kreidezeitliche Ornithopoden, die mit ihren Schnäbeln weideten.

Herbivore Pflanzenfresser.

Hominiden Eine Gruppe, zu der Menschen und ihre ausgestorbenen Vorfahren gehören.

Hominoiden Die Gruppe der *anthropoiden Primaten*, zu der Menschen und Menschenaffen gehören.

Homo Die Gattung, zu der die heutigen Menschen und ihre ausgestorbenen nahen Verwandten gehören.

I

Ichthyosaurier (»Fischechsen«) Mesozoische Meeresreptilien, die an heutige Delfine erinnern.

K

Karnivore Alle Fleischfresser, speziell die Carnivora, eine Säugergruppe, zu der Katzen, Hunde und Bären gehören.

Klasse Gruppe von Lebewesen, die eine oder mehrere verwandte Ordnungen enthält.

Kontinentalverschiebung Die langsame Bewegung der Kontinente über die Erdoberfläche.

M

Megalosaurier (»Großartige Echsen«) Eine gemischte Gruppe von großen Fleisch fressenden *Dinosauriern*.

Mesonychier Ausgestorbene Fleisch fressende Huftiere des Tertiärs.

Meteorit Ein aus dem All herabgestürztes Gesteinsbruchstück.

Missing link (»Fehlendes Bindeglied«) Ein auf Vermutungen basierendes unentdecktes Lebewesen, das unsere Vorfahren mit den Menschenaffen verbindet.

Mittelozeanischer Rücken Eine lange untermeerische Grenze, an der zwei Platten auseinander driften.

Mollusken Eine große Gruppe der Wirbellosen, zu der Muscheln, Schnecken und *Cephalopoden* gehören.

Mosasaurier Große kreidezeitliche Meeresreptilien mit langen Kiefern, schlanken Körpern und paddelartigen Flossen.

Multituberculaten Kleine nagetierähnliche *Säugetiere*, die vom späten Jura bis zum frühen Känozoikum lebten.

N

Nahrungskette Eine Kette von Lebewesen, die alle vom anderen als Nahrungsquelle abhängig sind.

Natürliche Auslese Das natürliche »Aussieben« von schwächeren Individuen und *Arten* im Verlauf der *Evolution*.

Nautiloiden Eine *Cephalopoden*-Form, die in einem geraden oder aufgerollten gekammerten Gehäuse lebt.

Neandertaler Eine ausgestorbene *Hominiden-Art*, die mit unserer *Art* nahe verwandt war.

Notochord Ein innerer Stab, der den Körper der *Chordata* versteift. Dies ist der Ursprung der Wirbelsäule der *Wirbeltiere*.

O

Ornithischier (»Vogelbeckendinosaurier«) Eine der beiden Hauptgruppen der *Dinosaurier* (siehe auch *Saurischier*). Es waren zwei- oder vierbeinige Pflanzenfresser.

P

Paarhufer Huftiere mit gerader Anzahl an Zehen, z.B. Schweine, Kamele und Hirsche.

Paläontologie Die Wissenschaft der *fossilen* Lebewesen.

Pangäa Der am Ende des Paläozoikums gebildete *Superkontinent*.

Pararethilien Primitive *Reptilien*, zu denen alle *Anapsiden* gehören.

Periode Die geologische Zeiteinheit zwischen der *Ära* und der *Epoche*. Perioden sind die Hauptunterteilungen einer *Ära*.

Permafrostboden Ständig gefrorener Boden.

Placentalier *Säugetiere*, deren Junge über eine Placenta ernährt werden.

Placodermen (»Schildhäute«) Eine Klasse der Kieferfische, die von Panzerplatten bedeckt sind.

Plattentektonik Die Bewegung der Erdkrustenteile, die auf dem *Erdmantel* treiben.

Plesiosaurier Langhalsige mesozoische Meeresreptilien mit paddelartigen Flossen.

Präkambrium Die große Zeitspanne zwischen der Erdentstehung und dem Kambrium.

Primaten Die Säugetiergruppe, zu der Halbaffen, Affen, Menschen und deren Vorfahren gehören.

Probosciden Elefanten und ihre ausgestorbenen Verwandten. Überwiegend große *Säugetiere* mit Rüssel.

Prokaryoten Winzige primitive Lebewesen ohne Zellkern (Bakterien und Archaebakterien).

Prosauropoden Frühe Pflanzen fressende *Saurischier* der späten Trias und des frühen Juras.

Pterosaurier (»Flugsaurier«) Mesozoische Flugreptilien mit Spannhäuten, die wie die *Dinosaurier* zu den *Archosauriern* gehörten.

Q

Quastenflosser Eine Fischgruppe mit fleischigen Flossenstielen.

R

Raubtier Ein Tier, das sich von anderen Tieren ernährt.

Reptilien Echsen, Schlangen, Schildkröten, Panzerechsen und *Dinosaurier*. Heutige Reptilien sind wechselwarme, schuppige *Wirbeltiere*, die sich an Land fortpflanzen.

S

Säugetiere Gleichwarme, Fell tragende *Wirbeltiere*, die ihre Jungen mit Milch säugen.

Saurischier (»Echsenbeckendinosaurier«) Eine der beiden Hauptgruppen der *Dinosaurier* (siehe auch *Ornithischier*). Überwiegend Fleischfresser, doch gab es darunter auch Pflanzenfresser.

Sauropoden (»Echsenfüße«) Riesige Pflanzen fressende Saurischier auf vier Beinen, zu denen die größten Landtiere aller Zeiten gehörten.

Schreckensvögel Große, Fleisch fressende, flugunfähige Vögel des Tertiärs.

Schwarze Raucher Schornsteinartige Schlote auf dem Meeresboden, die vulkanisch erhitztes Wasser freigeben.

Stegosaurier (»Platten tragende Echsen«) Pflanzenfressende Dinosaurier mit zwei Reihen von Knochenplatten und/oder Stacheln auf dem Rücken.

Strahlenflosser Fische mit Flossen, die von knöchernen Stäbchen gestützt werden. Die meisten heute lebenden Fische gehören dazu.

Stromatolithen Fossile pilzförmige Kolonien von *Cyanobakterien*, die auf dem Meeresboden wuchsen.

Superkontinent Eine vorgeschichtliche Landmasse, die zwei oder mehr Kontinentalplatten umfasste.

Synapsiden Eine Gruppe vierfüßiger *Wirbeltiere*, zu der die ausgestorbenen Pelycosaurier und die Therapsiden sowie deren Nachkommen, die *Säugetiere*, gehören.

T

Teleostier Eine große Gruppe der *Strahlenflosser*. Die meisten heutigen Fische sind Teleostier.

Tetanuren (»Steife Schwänze«) Eine der beiden Hauptgruppen der *theropoden Dinosaurier*.

Tetrapoden Vierfüßige Wirbeltiere.

Therapsiden (»Wildtierbögen«) Vorgeschichtliche Synapsiden, zu denen die Cynodontier (Vorfahren der *Säugetiere*) gehörten.

Theropoden (»Wildtierfüße«) Die mit scharfen Zähnen und Klauen ausgestatteten Raubsaurier.

Treibhauseffekt Der Vorgang, bei dem gewisse Gase in der Atmosphäre Wärme einfangen und das Erdklima aufheizen.

Trilobiten (»Dreilobig«) Ausgestorbene meeresbewohnende *Arthropoden* mit Außenskeletten, die der Länge nach in drei Loben unterteilt waren.

Tsunami Eine gewaltige Welle, die von einem Seebeben, einem Meteoriteneinschlag oder von einer Abrutschung ausgelöst wurde.

Tyrannosauriden (»Tyrannenechsen«) Eine Familie gewaltiger zweibeiniger Raubsaurier mit großen Köpfen und kurzen Armen.

U

Universum Die Gesamtheit alles Bestehenden.

Unpaarhufer (Perissodactylen) Huftiere mit ungerader Anzahl von Zehen (z.B. Pferde und Nashörner).

Urknall Gewaltige Explosion, die vor 14 Milliarden Jahren das Universum schuf.

VWZ

Vendium Die letzte Periode des *Präkambriums*. Nun erschienen komplexe vielzellige Lebewesen im Meer.

Vögel *Dinosaurier*, deren Vorderbeine zu Flügeln und deren Schuppen zu Federn geworden sind.

Vulkan Ein Schlot oder ein Riss in der *Erdkruste*, durch den Lava aus dem *Erdmantel* aufsteigen kann.

Wirbellose (Invertebrata) Tiere ohne Wirbelsäule.

Wirbeltiere (Vertebrata) Tiere mit einer Wirbelsäule.

Zweibeinig Tiere, die eher auf den Hinterbeinen gehen als auf allen Vieren laufen.

Register

Dank

Dorling Kindersley dankt: Chris Bernstein für das Register; Sheila Collins für Gestaltungsassistenz; Ben Hoare und Alyson Lacewing für Lektoratsassistenz; Mark Longworth und Jurgen Ziewe für ihre digitalen Illustrationen und Bedrock Studios für ihre digitalen Dinosauriermodelle.

Dorling Kindersley dankt außerdem den Folgenden für die freundliche Genehmigung zum Abdruck ihrer Bilder: (Abkürzungen: o=oben, u=unten, r=rechts, l=links, m=Mitte)

alamy.com: 58, 65gm, 84-85; **American Museum Of Natural History:** (image 5860(2)40ml, 120ul, 128ul; **Bruce Coleman Ltd:** Natural Selection 16-17, Pacific Stock 16ol, Jen & Des Bartlett 80ml; **S. Conway Morris/Cambridge University:** 21mro; **Corbis:** Tom Bean 3umr, Buddy Mays 3uml, 17ur, Rick Price 24or, Galen Rowell 51m, Tomas Sanchez 54um, Steve Wilkings 57ol, Nigel Dennis/Gallo Images 59mru, David Muench 60-61um, Charles Mauzy 62-63, Kevin Schafer 64ol, 65um, Scott T Smith

72-73, Paul A Souders 74om, 76om, Bill Stormont 89um, Jason Burke/Eye Ubiquitous 91mlu, 92-93, Galen Rowell 92ol,O. Alamany & E. Vicens 95r, Kevin Schafer 96-97, Anthony Bannister 110mru, 102, 104-105, 112um (Hintergrund), Tom Bean 113ur, Paul Edmondson 116-117, 118-119, Rose Hartman 128m, Gallo Images 133ur; J M Cameron 135mro, Roger Ressmeyer 140mlo, Peter Johnson 141om; German State Museum of Nature 63mro; Oxford University Museum 47mro; Pitt Rivers Museum 127mru, 127mr, 130mlo; Royal British Columbia Museum 124ul; Royal Museum of Scotland 22ol; Royal Tyrell Museum Canada 75or; **Geoff Dore:** 3mul, 66; **Geo-Science Features Picture Library:** 27mlu; **Seapics.com:** Doug Perrine 58mu, 60om; **FLPA - Images of nature:** Panda Photos 7mu, 16-17, Martin Withers 92-93; **Masterfile UK:** 3m, David Noton 90; Dr Mark A.Purnell, **University of Leicester:** 28ml; **Nature Picture Library Ltd:** David Shale 24m; **The Natural History Museum, London:** 15ur, 17m, 48ul, 57ur, 82mlu, 106om, 109mr, 116ul, 118ml, 122ol, 131or; **N.H.P.A.:** Pete Atkinson 2umr, B Jones & M Shimlock 26mru, 29ur, Daniel Heuclin

52-53, Laurie Campbell 34-35, Nigel Dennis 108m, Pete Atkinson 36um; **Oxford Scientific Films:** Ashod Francis/AA 32-33, Daniel Cox 124-125, DPL/OSF 114-115, E R Degginger 113tr, E R Degginger/AA 129or; **Royalty Free Images:** Photodisc Blue/Getty 60-61om, 62ol; **Science Photo Library:** Mauro Fermariello 1, 2, Matthew Bate 2ul, Tony Craddock 2uml,Vaughan Fleming 2ur, Keith Kent 2um, BSIP/CHAIX Bernhard Edmaier 3ur, Sinclair Stammers 3mur, Matthew Bate 4ol, Mehau Kulyk 4, BSIP/CHAIX 5mlo, ESA 5u, Matthew Bate 6-7, Dr Leon Golub 6ul, 7mo, Simon Fraser 7mlu; Mark Garlick 8ul; Louise K Broman 9mro, 9um; Bernhard Edmaier 10-11, Michael Dunning 11or, 11mro, Manfred Kage 12ml, Simon Fraser 14m, Sinclair Stammers 14om, Dr Leon Golub & John Reader 15om, Tony Craddock 18, Dr Leon Golub 18ul, Dr Steve Gull & Dr John Fielden 19mo, Keith Kent 26, Dr Leon Golub 26, 36ul, Dr Steve Gull & Dr John Fielden 37mo, Peter Scoones 41ur,Vaughan Fleming 44, Dr Leon Golub 44ul, Dr Morley Read 46ul, John Eastcott & Yva Momatiuk 46-47, Louise K Broman 51mru, Martin Land 53mr, Dr Juerg Allan 56ol, Steve Gull & Dr John Fielden 59mo,

Dr Leon Gubb 66ul, Drs Steve Gull & John Fielden 67mo, D Van Ravenswaay 76mu, Dr Leon Golub 76ul, Dr Steve Gull & John Fielden 77mo, Bernhard Edmaier 78ol, Martin Dohron & Stephen Winkworth 86om, Prof. Walter Alvarez 88mlo, D Van Ravenswaay 88mru, NASA 88ul, Dr Steve Gull & Dr John Fielden 91mol, Pekka Parvianen 100mlo; Planetary Visions Ltd 103mlo, Gusto 104om, John Heseltine 106-107, Alfred Pasieka 109mu, Planetary Visions Ltd 111mo, John Reader, 114mlu, Tom van Sant, Geosphere Project/Planetary Visions 121or (Hintergrund), Bernhard Edmaier 122, Volker Steger/Nordstar - 4 Million years of Man 123mu, 132um; Novosti 132om, BSIP 139mr; **Getty Images:** Pete Atkinson 39or, Jeff Hunter 40-41, Brett Baunton 70, 71or, Gary Buss 94, Andrew Mounter 98-99, Brett Baunton 136, Roine Magnusson 100-101; **University of Michigan:** 56ur; **Warren Photographic:** Jane Burton/Warren Photographic 67m, 74ol. **Cover Vorderseite:** Royal British Columbia Museum; **Rückseite:** Bedrock Studios mlo, mlu, mro, mru.